Innovative und interdisziplinäre Kristallzüchtung

Natalija van Well

Innovative und interdisziplinäre Kristallzüchtung

Materialien mit abstimmbarem quantenkritischen Verhalten

Mit einem Geleitwort von Prof. Dr. Wolf Aßmus

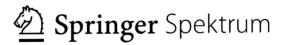 Springer Spektrum

Dr. Natalija van Well
Frankfurt am Main, Deutschland

zugl.: Dissertation, Goethe-Universität Frankfurt am Main, 2014

ISBN 978-3-658-11762-7   ISBN 978-3-658-11763-4 (eBook)
DOI 10.1007/978-3-658-11763-4

Die Deutsche Nationalbibliothek verzeichnet diese Publikation in der Deutschen Nationalbibliografie; detaillierte bibliografische Daten sind im Internet über http://dnb.d-nb.de abrufbar.

Springer Spektrum
© Springer Fachmedien Wiesbaden 2016

Springer Fachmedien Wiesbaden ist Teil der Fachverlagsgruppe Springer Science+Business Media
(www.springer.com)

Geleitwort

Diese Publikation basiert auf der Dissertation der Autorin, die sie in den vergangenen vier Jahren im Kristall- und Materiallabor des Physikalischen Instituts der Johann Wolfgang Goethe-Universität in Frankfurt am Main angefertigt hat. Die Arbeit entstand im Rahmen des von der Deutschen Forschungsgemeinschaft (DFG) geförderten Sonderforschungsbereichs / Transregios SFB/TR 49 „Condensed Matter Systems with Variable Many-Body Interactions".

Die Publikation behandelt die Kristallzüchtung und die Charakterisierung der frustrierten triangularen Magneten Cs_2CuCl_4, Cs_2CuBr_4 und des $Cs_2CuCl_{4-x}Br_x$ Mischsystems. Bei Cs_2CuCl_4 handelt es sich um einen 2-dimensionalen Spin ½-Antiferromagneten mit anisotropem triangularem Gitter. Durch Substitution von Chlor durch Brom wird die Frustration im triangularen Gitter verstärkt. Die Wechselbeziehung zwischen geometrischer Frustration und Quantenfluktuation dominiert das System: Feld-induzierte Bose-Einstein Kondensation in Cs_2CuCl_4 bis Magnonen-Kristallisation in Cs_2CuBr_4 sind die Folge. Dieses komplexe Verhalten wird gegenwärtig unter Wissenschaftlern stark diskutiert.

Der Schwerpunkt der Publikation liegt im Gebiet der Kristallzüchtung aus Lösungen. Cs_2CuCl_4 kristallisiert wie Cs_2CuBr_4 in der orthorhombischen Raumgruppe Pnma mit Z = 4 Formeleinheiten pro Elementarzelle. Beide Randsysteme können sowohl bei Zimmertemperatur also auch bei 50 °C aus wässriger Lösung gezüchtet werden. Beim Chlor-Brom-Mischsystem schiebt sich im Bereich $Cs_2CuCl_3Br_1$ bis $Cs_2CuCl_2Br_2$ eine tetragonale Zwischenphase bei 24 °C Züchtungstemperatur ein, nicht jedoch bei einer Züchtungstemperatur von 50 °C. Sehr interessant ist auch die nicht-statistische Besetzung der Chlor-Plätze durch Brom bei der Züchtung aus wässriger Lösung. Züchtet man dagegen die Kristalle aus der Schmelze, erfolgt die Substitution statistisch.

Neben vielen Details der Kristallzüchtung und Charakterisierung zeigt diese Publikation, welche Sorgfalt bei der Materialpräparation notwendig ist, um aussagekräftige Ergebnisse zu erhalten. Allen Lesern, die an diesen interessanten Fragestellungen interessiert sind, wünsche ich viel Freude bei der Lektüre.

Frankfurt am Main   Prof. Dr. Wolf Aßmus
                              (Ehem. Leiter des Kristall- und Materiallabors)

Danksagung

Mein Dank gilt vor allem Herrn Prof. Dr. Wolf Aßmus für die Möglichkeit, meine Doktorarbeit unter seiner Obhut zu schreiben und die Entwicklung von Materialien mit abstimmbarem quantenkritischen Verhalten innerhalb des Sonderforschungsbereiches/Transregio 49 "Condensed Matter Systems with Variable Many-Body Interactions" durchführen zu können.

Desweiteren möchte ich den Kolleginnen und Kollegen des Kristall- und Materiallabors der Goethe Universität Frankfurt am Main unter der neuen Leitung von Herrn Prof. Dr. C. Krellner für die Unterstützung meiner Ideen und für die vielen fachlichen Gespräche und Diskussionen danken.

Nicht zuletzt gilt mein Dank für die stets gute, vertrauensvolle und vor allem erfolgreiche Zusammenarbeit den Arbeitsgruppen: „Korrelierte Elektronen und Spins", „Condensed Matter Theory Group", „Metallorganische Chemie" und „Kristallographie" und ihren jeweiligen Arbeitsgruppenleitern Prof. Dr. M. Lang, Prof. Dr. R. Valenti, Prof. Dr. M. Wagner und Prof. Dr. B. Winkler.

Natalija van Well

Inhaltsverzeichnis

Abbildungsverzeichnis

Tabellenverzeichnis

Abkürzungsverzeichnis

Bzw.	beziehungsweise
DFT...................	Dichtefunktionaltheorie
DTA..................	Differenzthermoanalyse
EDX..................	Energy Dispersive X-Ray Analysis
GOF..................	The goodness of fit
Kap.	Kapitel
OZ....................	Ordnungszahl
PE......................	Primärelektron
PPMS.................	Physical Property Measurement System der Firma Quantum Design
PSI Villigen..........	Paul Scherrer Institut, Villigen (Schweiz)
REM..................	Rasterelektronenmikroskop
RE....................	Rückstreuelekron
RG.....................	Raumgruppe
S.	Seite
SE......................	Sekundärelektron
SLS..................	Synchroton Light Source
u.a. ...…...…………	unter anderem
VSM...................	Vibrating Sample Magnetometer

1 Einleitung

Viele Erkenntnisse der Forschung der letzten Jahrzehnte führten zu unzähligen Innovationen der modernen Technik, die unser Leben nachhaltig verändert haben. In diesem Zusammenhang gehören Quantenphänomene zu den faszinierendsten Ereignissen der Forschung, da diese zu einem besseren Verständnis der Ordnungsmechanismen in Materialien mit korrelierten Elektronen führen. Dieses Wissen ist wichtig, um daraus beispielsweise Schlussfolgerungen für die Entwicklung von leistungsfähigeren Supraleitern ziehen zu können.

Das Ziel dieser Arbeit ist die Entwicklung von Materialien, die quantenkritische Phänomene zeigen. Durch die Synthese, Züchtung und Charakterisierung von Materialien werden Erkenntnisse über die Systematik der Veränderung der physikalischen Eigenschaften ermittelt.

Ausgehend von den bereits bekannten und gut untersuchten Randsystemen Cs_2CuCl_4 und Cs_2CuBr_4, die triangulare Antiferromagnete sind, geht es in dieser Arbeit insbesondere um das Mischsystem $Cs_2CuCl_{4-x}Br_x$. Dieses bildet ein isostrukturelles System durch kontrollierte Substitution von Cl und Br, welches, wie auch die Randsysteme, die gleichen triangularen antiferromagnetischen Gitter aufweist. Dabei stellt dieses Mischsystem ein abstimmbares Modell zur Untersuchung des Zusammenhangs zwischen Frustration und quantenkritischem Verhalten dar. Da bei diesem Mischsystem der orthorhombische Strukturtyp unter bestimmten Züchtungsbedingungen beibehalten wird und eine partielle selektive Besetzung der Halogenpositionen möglich ist, kann man den spezifischen Einfluss der selektiven Besetzung auf die magnetischen Eigenschaften untersuchen.

Bis zum Beginn der Arbeit gab es nur wenige Informationen zur Züchtung und zur Struktur der Kristalle dieses Mischsystems [Ono05]. Von daher fokussiert sich diese Arbeit auf die Züchtung mit unterschiedlichen Parametern und die Charakterisierung der Kristalle des Rand- und Mischsystems. Durch eine Veränderung der Züchtungsparameter wird der Einfluss der Züchtungsbedingungen auf die Struktur und auf die damit einhergehenden physikalischen Eigenschaften der Materialien deutlich.

Einen allgemeinen Überblick über den Stand der Forschung findet sich in Kapitel 2. Die für das Verständnis und für die Beschreibung der in der Arbeit vorgestellten Ergebnisse hilfreichen physikalischen Grundlagen und Charakterisierung-Methoden werden in Kapitel 3 und 4 dargestellt. Das Kapitel 5 zeigt die Ergebnisse der Züchtung und der Untersuchung der Randsysteme und des Mischsystems. Dabei wird das Phasendiagramm (Züchtung aus wässriger Lösung) des Cs_2CuCl_4 Systems um eine neue Phase $Cs_3Cu_3Cl_8OH$ ergänzt, welche bei ersten Untersuchungen magnetisch interessante Wechselwirkungen zwischen trinuklearen Cu-Einheiten gezeigt hat, auf die allerdings im Rahmen dieser Arbeit nicht weiter eingegangen wird. Desweiteren wird ein schematisches Phasendiagramm für die Züchtung des Mischsystems aus wässriger Lösung vorgestellt, welches ein sehr phasenreiches System mit vielen strukturellen Variationen in Abhängigkeit von den Züchtungsbedingungen aufzeigt. Beispielsweise bilden sich bei Zimmertemperatur zwei unterschiedliche Phasen im Mischsystem: der orthorhombische Strukturtyp (Pnma) und der tetragonale Strukturtyp (I4/mmm). Wenn man die Züchtungstemperatur auf $50°C$ erhöht, erhält man für das gesamte Mischsystem eine orthorhombische Struktur (Pnma). Die Ergebnisse dieser Züchtung aus wässriger Lösung werden mit denen aus einer Schmelze verglichen. Dieser Vergleich stellt einen signifikanten Unterschied zwischen beiden Züchtungsarten fest. Als Ergebnis der Untersuchungen wird ein schematisches Phasendiagramm für die Züchtung aus der Schmelze vorgestellt. Da die magnetischen Eigenschaften der Materialien beispielsweise durch die Änderung der Abstände zwischen den wechselwirkenden Einheiten beeinflusst werden können, kann die Substitution nicht nur von Cl durch Br erfolgen, sondern auch durch eine partielle Substitution von Cs durch das kleinere Rb, wodurch der Abstand zwischen den Ebenen (triangulare Ketten) geringer wird. Ein besonderes Interesse gilt den Untersuchungen mit Hilfe der Röntgenpulverdiffraktometrie bei tiefen Temperaturen, welche in Kapitel 6 dargestellt werden, weil die Annahme einer isotropen Kontraktion der Einheitszelle bei diesem Mischsystem nicht erfüllt ist. Die Untersuchungen zeigen folglich eine starke Anisotropie der Gitterausdehnung als Funktion der Temperaturen. Ein bemerkenswertes Ergebnis ist die neu gefundene tetragonale Phase Cs_2CuCl_4, die sich in wässriger Lösung bei niedrigeren Temperaturen ($8°C$) bildet. Kapitel 7 behandelt die Untersuchung der physikalischen Eigenschaften dieser neuen Phase und den Vergleich dieser mit den Kristallen der tetragonalen Phase des Mischsystems, die bei $24°C$ gezüchtet wurden. Die Idee, mittels Substitution die Abstände zwischen den Ebenen der Materialien dieses Mischsystems zu verändern, führt zu der Überlegung, ob auch größere Moleküle in die orthorhombische Struktur (beispielsweise von Cs_2CuCl_4) eingebaut werden können. In diesem Zusammenhang geht man davon aus, dass die Abstände zwischen den Ebenen der triangularen Ketten noch stärker voneinander entkoppelt werden. In Kapitel 8 werden die Ergebnisse der Züchtung von Einkristallen mit Kronenethermolekülen und die Untersuchung deren Eigenschaften vorgestellt. Desweiteren beschreibt das Kapitel die systematische Züchtung unterschiedlicher Kronenether mit Kupferchlorid, um die verschiedenen Einflüsse der Züchtungsparameter studieren zu können. Ziel ist es, diese Untersuchungen systematisch in Form eines „Baukastensystems" durchzuführen und die Ergebnisse einzuordnen.

2 Stand der Forschung

2.1 Strukturelle Übersicht und physikalische Eigenschaften von Cs_2CuCl_4, Cs_2CuBr_4 und dem Mischsystem $Cs_2CuCl_{4-x}Br_x$

Die Verbindungen Cs_2CuCl_4 und Cs_2CuBr_4 kristallisieren in der orthorhombi-schen Raumgruppe Pnma mit Z = 4 Formeleinheiten in der Elementarzelle. In Abbildung 2.1 ist die Elementarzelle von Cs_2CuCl_4 mit Koordinationspolyedern (Tetraedern) um die Kupferatome zu sehen.

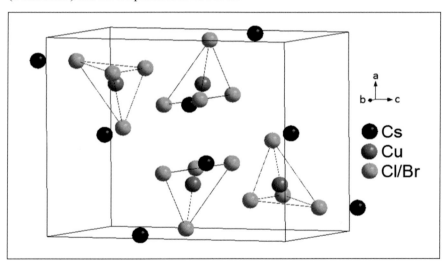

a
b ← → c

● Cs
● Cu
● Cl/Br

Abbildung 2.1: Elementarzelle von Cs_2CuCl_4

Entsprechend sind in Cs_2CuBr_4 die Br-Atome in Koordinationspolyedern (auch Tetraedern) um die Kupferatome angeordnet. Im Laufe der Zeit wurden zahlreiche Phasen der Material-Systeme $CsCl-CuCl_2-H_2O$ bzw. $CsBr-CuBr_2-H_2O$ untersucht, wobei die wichtigsten in der Tabelle 2.1 zusammengefasst sind.

Tabelle 2.1:   Strukturdaten einiger Phasen der Systeme CsCl-CuCl$_2$-H$_2$O bzw. CsBr-CuBr$_2$-H$_2$O

Phasen	Cs$_2$CuCl$_4$	CsCuCl$_3$	Cs$_2$CuCl$_4$ ·2H$_2$O	Cs$_3$Cu$_2$Cl$_7$ ·2H$_2$O	Cs$_2$CuBr$_4$	CsCuBr$_3$
Raum-Grup-pe	Pnma	P6$_1$22	P4/mnm	P 1	Pnma	C221
Gitter-Para-meter [Å]	a=9.769(3) b=7.607(3) c=12.381(3)	a=7.216(5) b=7.216(5) c=18.178(5)	a=b=7.92 c=8.24	a=11.81 b=9.05 c=8.91 α=118.88° β=109.89° γ=89.42°	a=10.195(1) b=7.965(5) c=12.936(2)	a=12.776(2) b=7.666(2) c=12.653(4)
	[Bai91]	[Sch66]	[Vas76]	[Vog71]	[Mor60]	[Li73]
Voluen [Å^3]	920.07	919.65	516.87	770.68	1050.44	1239.25

Die Phasendiagramme wurden mit der Verdunstungsmethode bei verschiedenen Temperaturen umfangreich ausgearbeitet, so dass aus diesen die notwendigen Informationen zur Kristallisation entnommen werden konnten. In der Abbildung 2.2 sind die Angaben zur Kristallisation bei einer Temperatur von 25°C dargestellt. Zudem sind die kristallisierten Phasen beschrieben [Vas76].

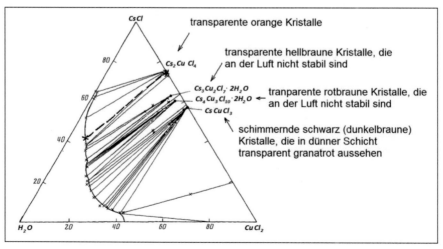

Abbildung 2.2: Angaben zur Kristallisation bei einer Temperatur von 25°C und zu den kristallisierten Phasen [Vas76]

Bei einer Züchtungstemperatur von 50°C verringert sich die Anzahl der kristallisierten Phasen und die, die sich ausbilden, sind an der Luft stabil. Bei Züchtungstemperaturen von 18°C und 25°C bilden sich auch nicht-stabile Phasen aus, die am Anfang transparent sind und anschließend matt werden.

Die Untersuchungen zur Struktur von Cs_2CuCl_4 erfolgten zum ersten Mal im Jahr 1939 von Mellor [Mel39], 1952 von Helmholz und Kruh [Hel52], 1961 von Morosin und Lingafeller [Mor61], 1972 von McGinnety [McG72], gefolgt von der Untersuchung von Bailleul im Jahr 1991 [Bai91]. In dieser Arbeit werden die Daten von Bailleul verwendet.

Die Untersuchungen zur Struktur von Cs_2CuBr_4 wurden erstmals 1960 von Morosin und Lingafeller [Mor60] veröffentlicht. Danach erschienen Untersuchungen von Li und Strucky [Li73] im Jahre 1973, von Puget [Pug90] im Jahr 1990 und Bailleul im Jahr 1991 [Bai91]. In dieser Arbeit werden ebenfalls die Strukturdaten von Bailleul verwendet.

Für strukturelle Untersuchungen wurden Kristalle mit unterschiedlichen Methoden hergestellt. Beispielsweise züchteten Morosin und Lingafeller die Kristalle mittels der Verdunstungsmethode und Puget mit der Temperaturreduktionsmethode. Ono et al. [Ono05], die magnetische Untersuchungen an Cs_2CuBr_4 durchführten, haben die Kristalle aus einer Schmelze gezüchtet. Auch die Kristalle des $Cs_2CuCl_{4-x}Br_x$ Mischsystems wurden erstmalig in den Arbeiten dieser japanischen Wissenschaftler erwähnt. Allerdings gibt es bisher noch keine Veröffentlichung über die Struktur dieser Kristalle.

Die Präparation von Mischkristallen des Systems $Cs_2Cu(Br_{1-x}Cl_x)_4$ erfolgte aus den Einkristallen Cs_2CuCl_4 und Cs_2CuBr_4, die aus wässriger Lösung mit Verdunstungsmethode hergestellt wurden. Diese Einkristalle wurden in einem molarem Verhältnis von $(1 - x) : x$ gemischt und mit der Bridgmanmethode gezüchtet. Das Pulver wurde in eine Quarzampulle gefüllt und in einen Ofen bei 680°C mit einer Geschwindigkeit von 3 mm/h abgesenkt. Die Einkristalle sind 0.5 bis 2 cm^3 groß [Ono05].

Cs_2CuCl_4 und Cs_2CuBr_4 sind die Randsysteme. Aus den ersten Ergebnissen der magnetischen Suszeptibilität wurde geschlossen, diese Verbindung als lineare Kette mit antiferromagnetischer Wechselwirkung zu betrachten [Car85]. Die magnetische Suszeptibilität wurde am polykristallinen Pulver von Cs_2CuCl_4 gemessen und ein Maximum von 2.6 K bis 2.7 K bestimmt. Zur Beschreibung der Daten wurde die lineare Kette im Heisenberg-Modell (mit einer kleinen Molekularfeld-Korrektur) benutzt.

Desweiteren wurde für diese Verbindung ein magnetisches Phasendiagramm mit Hilfe von Neutronenstreuung bei tiefen Temperaturen (unter 1 K) und einem Magnetfeld bis zu 10 T für die Achsenrichtung a und c parallel zum Magnetfeld erstellt. Bei tiefen Temperaturen und im Null-Feld arrangieren sich

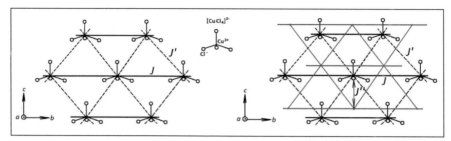

Abbildung 2.3: Die Anordnung der $[CuCl_4]^{2-}$ Tetraeder in der bc-Ebene und die Kopplungskonstanten J und J': a) für das 2D Gitter und b) für das quasi 2D
Gitter. In grau ist die nächste Nachbarebene in Richtung der a-Achse
eingezeichnet. J'' ist die Kopplungskonstante mit dieser Ebene

die Spins in einer Zykloid-Phase entlang der c-Achse. Die Ordnung dieser Phase
ist inkommensurabel entlang der Kettenrichtung [Col96]. Wenn das Magnetfeld
angelegt wird und größer als 1.66 T ist, zeigt sich ein Phasenübergang. Die Zykloid-Phase wird instabil und geht in eine ungeordnete mittlere Feldphase mit
keiner langreichweitigen inkommensurablen oder antiferromagnetischen Ordnung über. Wenn das Feld entlang der a-Achse angelegt wird, gibt es eine Cone-
Phase, die bis zu einem Feld von 8.5 T existiert [Col98].

In experimentellen Beobachtungen zeigte sich bei Cs_2CuCl_4 eine starke
Zwei-Dimensionalität in Form eines triangularen Antiferromagneten mit teilwei-
ser Frustration. Wenn die Kopplungskonstanten zwischen den Ketten von gleicher Grössenordnung wie die Grössenordnung dieser innerhalb der Kette sind,
dann ist dieses System ein quasi 2D System. Beispielsweise beträgt J = 0.375(5)
meV für die Kopplungskonstante entlang der Kettenrichtung und 2J' = 0.25(1)
meV für die Kopplungskonstanten zwischen den Ketten. Damit ergibt sich für
das Verhältnis J'/J, welcher Frustrationskoeffizient genannt wird, ein Wert von
0.33(1) meV. Aufgrund der Ergebnisse entstand eine andere Sichtweise bezüglich der Dimensionalität der magnetischen Struktur von Cs_2CuCl_4, die in früheren Studien als quasi 1D System angesehen wurde [Col01]. Abbildung 2.3 zeigt
die triangularen Gitter des Cs_2CuCl_4 in der bc-Ebene.

In Abbildung 2.4 ist ein schematisches magnetisches Phasendiagramm für
Cs_2CuCl_4 in Abhängigkeit von Temperatur und Magnetfeld entlang der a-Achse
gezeigt. Entlang der roten Linie kann man die Reihenfolge der magnetischen
Phasen in Feld B = 0 sehen. Oberhalb von T_{max} erstreckt sich die paramagnetische Phase; T_{max} = 2.65 K ist die Temperatur des Maximums der magnetischen
Suszeptibilität. Zwischen den Temperaturen T_{max} und T_N (Ordnungstemperatur)
befindet sich die spin-liquid Phase, die durch kurzreichweitige Spinkorrelationen
charakterisiert ist. Unterhalb der Temperatur T_N liegt eine spiralige magnetische

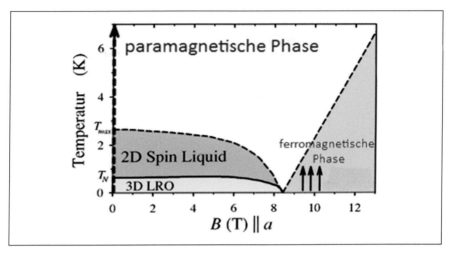

Abbildung 2.4: Schematisches magnetisches Phasendiagram von Cs_2CuCl_4 [Col03]

Struktur mit langreichweitiger Ordnung vor. Bei einem kritischen Magnetfeld von 8.5 T werden die vorgenannten Phasen unterdrückt. Bei dem weiter steigenden Feld gibt es einen Übergang in eine ferromagnetische Phase.

Dieses Phasendiagramm wurde mittels Neutronenstreuung bestimmt [Col03]. Man kann ein solches Phasendiagramm auch aus den Messungen der spezifischen Wärme bei tiefen Temperaturen bestimmen. Abbildung 2.5 a) zeigt die Messung der spezifischen Wärme für Cs_2CuCl_4 im Null-Feld. Das breite Maximum entsteht durch den Übergang vom paramagnetischen zum kurzreichwei-tigen spinkorrelierten Zustand. Der λ-ähnliche Peak bei einer Übergangstemperatur $T_N = 0.595$ K ist typisch für einen Übergang in einen 3D magnetisch geordneten Zustand, welcher eine magnetische Struktur als Spirale in der bc-Ebene darstellt.

In Abbildung 2.5 b) ist der λ-ähnliche Peak in seiner Höhe unterdrückt und seine Position ist mit ansteigendem Feld zu niedrigeren Temperaturen verschoben. Ein außergewöhnlicher Wechsel erfolgt, wenn das Feld von 8.40 T auf 8.44 T ansteigt (Fenster in Abbildung 2.5 b)) [Rad05].

Die Verbindung Cs_2CuBr_4 wird ebenfalls schon seit längerer Zeit untersucht. Diese Verbindung ist ein $S = \frac{1}{2}$ quasi 2D frustrierter Antiferromagnet mit einem verzerrten triangularen Gitter parallel zu bc-Ebene. Die Abbildung 2.6 zeigt das triangulare Spingitter von Cs_2CuBr_4 in der bc-Ebene.

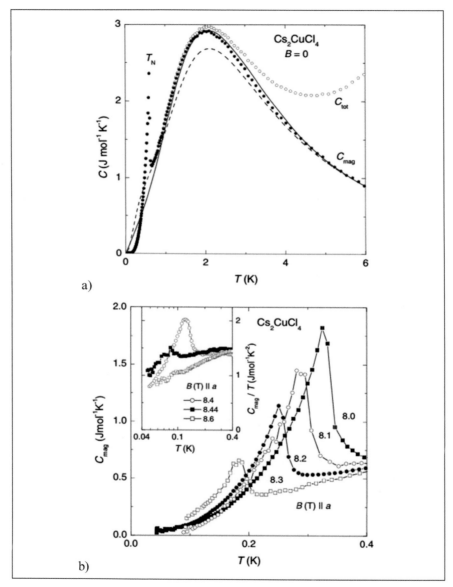

Abbildung 2.5: Messung der spezifischen Wärme von Cs_2CuCl_4: a) im Null-Feld, b) in der Nähe des kritischen Feldes in Abhängigkeit von der Feldstärke [Rad05]

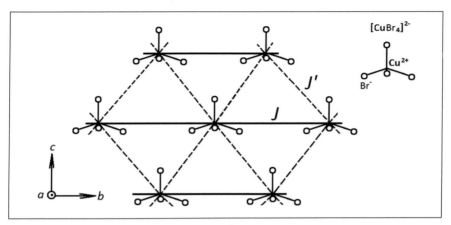

Abbildung 2.6: Die Anordnung der $[CuBr4]^{2-}$ Tetraeder in der bc-Ebene und die Kopplungskonstanten J und J'

Der Quotient J'/J ergibt den Frustrationskoeffizienten für das 2D triangulare Spingitter. Er beträgt 0.74 für Cs_2CuBr_4. Die magnetische Ordnungstemperatur $T_N = 1.4$ K im Null-Feld wurde über die Messung der spezifischen Wärme ermittelt. Das magnetische Phasendiagramm unterhalb der Ordnungstemperatur zeigt verschiedene Spin-Phasen-Abfolgen bei einer Ausrichtung des Magnetfeldes entlang der kristallografischen Achsen des Kristalls. Diese Phasen, unabhängig von der Ausrichtung des Magnetfeldes, werden bei einem kritischen Feld (ca. 30 T) unterdrückt. Wenn das Magnetfeld über 30 T ansteigt, gibt es einen Phasenübergang in eine ferromagnetische Phase [Ono05].

Durch die Dotierung mit kleinen Mengen von Cl wird eine deutliche Unterdrückung von T_N bei der Messung der spezifischen Wärme beobachtet (siehe Abbildung 2.7 a)). Beispielsweise wird bei einer Cl Dotierung von x = 0.054 die Ordnungstemperatur von $T_N = 1.4$ K für Cs_2CuBr_4 auf fast $T_N = 1$ K abgesenkt. Mit einer weiter steigenden Cl Konzentration verschwindet die magnetische Ordnung bei $x_{cl} = 0.17$ vollständig. Es wird auch beobachtet, dass der Phasenübergang mit steigendem Magnetfeld verschmiert wird und unabhängig von der Feldrichtung verschwindet. Dies ist in Abbildung 2.7 b) für eine Cl Dotierung mit x = 0.03 dargestellt.

Wie schon erwähnt, ist bei einer kritischen Konzentration von Cl mit $x_{cl} = 0.17$ der Phasenübergang bei der Messung der spezifischen Wärme im Null-Feld nicht mehr feststellbar. Es wird erwartet, dass es eine höhere kritische Cl Konzentration x_{c2} gibt, oberhalb derer wieder ein Phasenübergang auftritt, weil Cs_2CuCl_4 bei $T_N = 0.62$ K einen Phasenübergang zeigt. Man nimmt an, dass

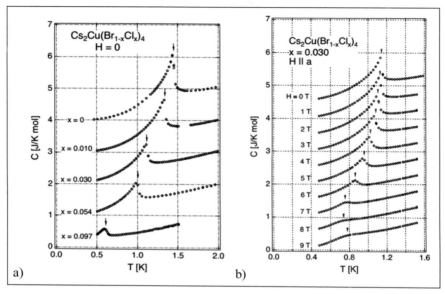

Abbildung 2.7: Messungen der spezifischen Wärme von $Cs_2Cu(Br_{1-x}Cl_x)_4$ mit $x \leq 0.097$: a) im Null-Feld in Abhängigkeit von der Temperatur und der Cl Dotierung und b) für einen Wert der Cl Dotierung ($x = 0.03$) entlang der a-Achse in Abhängigkeit von Temperatur und Magnetfeld [Ono05]

zwischen diesen beiden kritischen Cl Konzentrationen $x_{c1} \leq x \leq x_{c2}$ ein Phasenübergang wegen der „Unordnung" vollständig unterdrückt wird und dass der Spinzustand bis zu $T = 0$ K paramagnetisch bleibt. Es wurde über magnetische Messungen (pulsiertes Feld) für zwei Cl Konzentrationen mit $x = 0.25$ und $x = 0.75$ bei einer Temperatur von 0.5 K berichtet. Dabei wurden keine Anomalien beobachtet. Über die Ursache einer solchen Unterdrückung von T_N wurde keine Aussage gemacht [Ono05].

Das Verschmieren der Peaks der spezifischen Wärmemessungen deutet auf die Verbreiterung des Phasenübergangs hin. Ein ähnliches Verhalten wurde schon beim Phasenübergang von $(CH_3)_4NMnCl_3$ und $(CH_3)_4NMnBr_3$ für ein magnetisches Feld parallel zu c-Achse beobachtet. Wenn aber das magnetische Feld senkrecht zu c-Achse angelegt wurde, beobachtete man einen scharfen Phasenübergang bei diesen Zusammensetzungen. Letztendlich wird das Verschmieren des Phasenübergangs auf einen zufälligen Feldbeitrag zurückgeführt [Imr75]. Bei der Verbindung Cs_2CuBr_4 gibt es keine solchen Verbreiterungen der Peaks bei der Messung der spezifischen Wärme in Abhängigkeit vom Magnetfeld.

Bei der Messungen der Suszeptibilität für einige der Zusammensetzungen des Mischsystems wurde mit steigender Cl Konzentration und bei tiefen Temperaturen ein Anstieg der Suszeptibilität und ein „Upturn" registriert. Dies bedeutet aber nicht, dass die Cl Konzentration den Curie-Term in der Suszeptibilitätskurve hervorruft. Der Curie-Term ist nicht auf Verunreinigungen zurückzuführen, da die Suszeptibilitätsmessung reproduzierbar und unabhängig von der Probe ist [Ono05].

2.2 Strukturell-chemische Aspekte von Kronenether-Verbindungen

Als über die Synthese von Bis[2-(o-hydroxy-phenoxy)ethyl]ether von C. J. Petersen (1967) berichtet wurde, erwähnte er ein farbloses, faserig-kristallines Nebenprodukt, das sich auf dem Weg der von ihm beschriebenen Synthese gebildet hat. Dieses zeigte ungewöhnlich starke Komplexbindungen mit einer Reihe von Alkali- und Erdalkalimetallen [Ped67]. Die zyklischen Polyether wurden zwar früher beispielsweise von Lüttringhaus et al. [Lue37] und Adams, Whitehill et al. [Ada41] synthetisiert, aber man verbindet mit C. J. Petersen die Entdeckung dieser Verbindungsklasse. Er war der Erste, der diese Substanzen systematisch synthetisierte und als Komplexliganden untersuchte. Der gebräuchliche Name „Kronenether" und die Nomenklatur „[m]krone-n" gehen auf ihn zurück. Mit m ist die Gesamtzahl der Ringglieder bezeichnet und mit n die Anzahl der Heteroatome im Ring.

Für die makrozyklischen Verbindungen, wie beispielsweise Polyether, ist ein zentraler, hydrophiler Hohlraum mit elektronegativen oder elektropositiven Donoratomen oder Atomgruppen (O, NH, S) und einem flexiblen hydrophoben Gerüst typisch. Damit können Kationen oder Anionen gebunden werden, was oft mit Konformationsänderungen des Liganden einhergeht (siehe Abbildung 2.8)

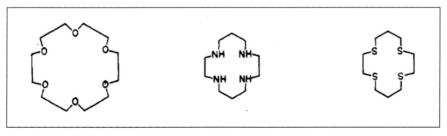

Abbildung 2.8: Beispiele für Makrocyclen mit verschiedenen Donoratomen: Sauerstoff (links), Amino-NH-Gruppen (Mitte) und Schwefel (rechts) [Chr74]

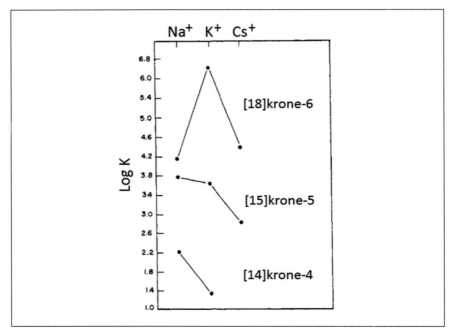

Abbildung 2.9: Komplexbildungskonstanten K (logarithmisch aufgetragen) für Reaktion in Methanol für die verschiedenen cyclischen Polyether (Abhängigkeit von der Ringgröße) in Abhängigkeit von der Ordnungszahl des Donoratoms (Na+, K+, Cs+) [Chr74]

An dem Kronenether werden nicht nur neutrale Moleküle über die Wasserstoffbrückenbindungen gebunden, sondern auch Nebengruppenmetallionen (d-Elemente oder f-Elemente) und vor allem auch Alkali- und Erdalkalimetallkationen. Die letzteren werden nicht nur stark, sondern auch selektiv gebunden. Dies kann man in der Abbildung 2.9 sehen.

Es ist aber nicht ausgeschlossen, dass zum Beispiel Cs^+ mit einem [12]krone-4 Komplex eine Verbindung bildet, wobei die Zahl der Verbindungen mit größeren Kationen geringer ist, als tendenziell die Bildung von 2 : 1 oder 3 : 2 Komplexen.

Um die gewünschten Bindungsabstände zwischen Kation und Donoratom anzunähern, sind die makrozyklischen Verbindungen mit flexiblem Gerüst, wie Kronenether (insbesondere unsubstituierte), durch die Konformationsänderung prädestiniert. In Abbildung 2.10 sind drei Beispiele gezeigt, bei denen Li+ mit Kronenether unterschiedliche Komplexe bildet. Damit können verschiedene Ab-

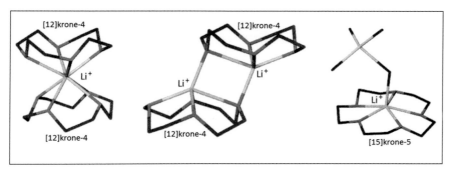

Abbildung 2.10: Drei Beispiele von Kronenether-Komplexen mit Li^+: Sandwichkomplex mit zwei [12]krone-4 (links), Sandwichverbindung mit zwei [12]krone-4 (Mitte), Komplex Li^+ und [15]krone-5 (rechts) [Ste01]

stände zwischen den wechselwirkenden Komponenten oder den Bindungslängen konstruiert werden.

Im Weiteren sind strukturell-chemische Aspekte der Komplexbildung der ausgewählten Beispiele von [12]krone-4 und [15]krone-5 vorgestellt. Lithiumsalze bilden mit [12]krone-4 unterschiedliche Komplexe (z.B. [Li([12]krone-4)]NCS oder [Li([12]krone-4)][N(SiMe$_3$)$_2$]), wobei die Koordinationszahl fünf bei diesen beiden Salzen für Li^+ vorliegt. In Abbildung 2.11 ist ein Komplex [(LiCl)([12]krone-)] dargestellt.

Bis heute wurde lediglich über einen monomolekularen Komplex von $CuCl_2$ und [12]krone-4 berichtet. Dieser ist in der Abbildung 2.12 gezeigt.

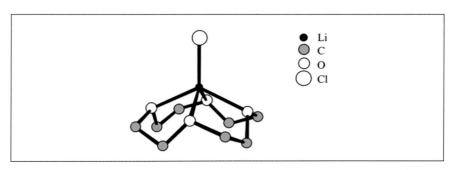

Abbildung 2.11: Struktur vom Komplex [(LiCl)([12]krone-4)]. Die Li-O Abstände betragen 2.128 Å und der Abstand Li-Cl ist 2.290 Å. Durch die Konformationsänderung wird ein kronenartiger Aufbau gebildet [Bel99]

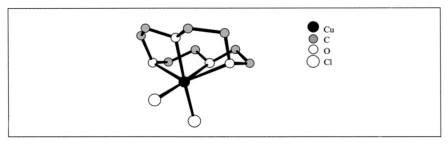

Abbildung 2.12:   Struktur vom Komplex [(CuCl₂)([12]krone-4)]. Die Cu-O Abstände liegen zwischen 2.113 Å und 2.403 Å und die Abstände Cu-Cl betragen 2.214 Å und 2.228 Å. Durch die Konformationsänderung wird auch hier ein kronenartiger Aufbau gebildet [Rem75]

Eine weitere Möglichkeit der Komplexbildung von [(CuCl₂)([15]krone-5)] bei wässriger Lösung führt zu verschiedenen Konfigurationen. In Abbildung 2.13 ist ein Fragment einer Struktur dieses Komplexes dargestellt. Je nach molarem Verhältnis CuCl₂ zu [15]krone-5 unterscheiden sich diese Komplexe deutlich.

Eine weitere Möglichkeit der Komplexbildung von [(CuCl₂)([15]krone-5)] bei wässriger Lösung führt zu verschiedenen Konfigurationen. In Abbildung 2.13 ist ein Fragment einer Struktur dieses Komplexes dargestellt. Je nach molarem Verhältnis CuCl₂ zu [15]krone-5 unterscheiden sich diese Komplexe deutlich.

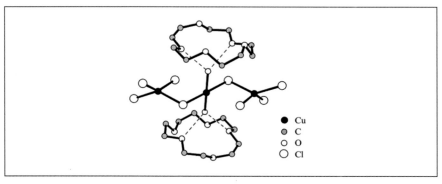

Abbildung 2.13:   Fragment der Struktur vom Komplex [(CuCl2)([15]krone-5)] für ein molares Verhältnis 1 : 1 [Str91]

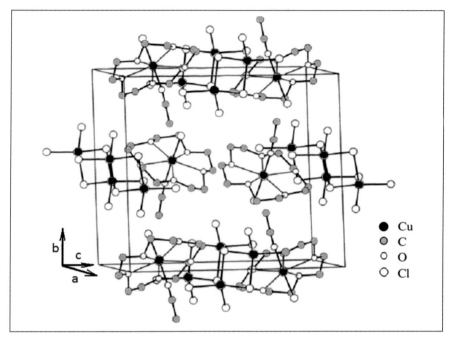

Abbildung 2.14:   Einheitszelle von [[15]krone-5-CuCl(CH$_3$CN)]CuCl$_3$ [Fen90]

Die Trichlorocuprationen sind über zwei Chlorobrücken zu einem [Cu$_2$Cl$_6$]$^{2-}$ Ion verknüpft. Die Umgebung von Cu zeigt als Folge des Jahn-Teller-Effekts eine stark abgeflachte tetraedrische Anordnung.

Zusammenfassend wird deutlich, dass es sehr viele Faktoren gibt, die einen Einfluss auf die Geometrie der Komplexe haben. Diese hängt stark von der bevorzugten Koordinationszahl des Kations und auch von der Lage der Donoratome des Kronenethers ab. Für die Bindung des Kations, beispielsweise Cu, ist insbesondere die Anwesenheit der Sauerstoffatome im Kronenether wichtig. Mit einem Wechsel der Donoratome ändert sich dann auch die Bindungsstärke.

Wie aus den Beispielen zu sehen ist, spielt auch das Lösungsmittel für die Bildung der Komplexe eine wichtige Rolle. Allerding gibt es hier kein „Rezept". Das jeweils richtige Lösungsmittel muss experimentell herausgefunden werden.

Die gewünschten strukturellen Veränderungen unter Benutzung der flexiblen Baueinheiten, wie beispielsweise Kronenether, führen in vielen Fällen zu einer Veränderung der Struktur und damit möglicherweise zu korrelierten magnetischen Eigenschaften.

3 Grundlagen

3.1 Grundlagen der Kristallisation

Bei der Kristallisation aus einer Lösung geht es um einen Phasenübergang von einer, aus mehreren Komponenten zusammengesetzten flüssigen Phase, in eine Kristallphase.

Die Kristallphase zeichnet sich im Vergleich zur Lösung durch einen Unterschied in der Zusammensetzung aus.

Die Bildung eines Keimes der neuen Phase ist mit einer Änderung der freien Enthalpie ΔG_K des Systems verbunden. Durch einen Phasenübergang geht ein Teil des Systems in einen Zustand geringer freier Enthalpie über, was eine Änderung um ΔG_P bedeutet (negativer Beitrag).

Durch die Entstehung einer Phasengrenze liefert die Grenzflächenenergie einen Beitrag ΔG_G zur Änderung der freien Entropie (positiver Beitrag).

Bei der Bildung kann der neue Keim elastischen Kräften ausgesetzt werden, die durch die ihn umgebende Phase entstehen. Damit muss ein weiterer Term ΔG_E berücksichtigt werden (positiver Beitrag).

Somit kann man die Änderung der freien Enthalpie wie folgt beschreiben [Mat69, S.10-11]:

$$\Delta G_K = \Delta G_P + \Delta G_G + \Delta G_E$$

Der Betrag von ΔG_P ist proportional zum Keimvolumen bzw. zur dritten Potenz des Keimradius, z.B. bei einem kugelförmigen Keim: $\Delta G_P = a_P \Delta g r_K^3$, wobei a_P die Proportionalitätskonstante und Δg eine molare freie Enthalpieänderung ist.

Der Betrag von ΔG_G ist proportional zur Keimoberfläche bzw. zu der zweiten Potenz des Keimradius: $\Delta G_G = a_G \sigma r_K^2$, wobei a_G die Proportionalitätskonstante und σ die Oberflächenspannung abbildet.

Die für die Keimbildung aufzubringende elastische Energie kann außerhalb der Betrachtung bleiben. Unter diesen Voraussetzungen kann man den Zusammenhang zwischen ΔG_K und dem Keimradius wie folgt darstellen [Wil88, S.166]:

$$\Delta G_K = a_P \Delta g r_K^3 + a_G \sigma r_K^2$$

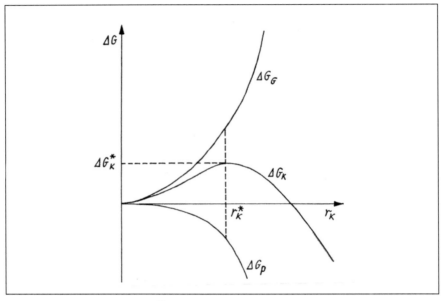

Abbildung 3.1: Beiträge zur Änderung der freien Enthalpie ΔG_K (nach Vorlage von W. Kleber [Kle98, S.203])

In Abbildung 3.1 sind die Beiträge zur Änderung der freien Enthalpie ΔG_K als Funktion des Keimradius gezeigt. Wenn der Keimradius den kritischen Wert r_K^* erreicht, ergibt sich ein Maximum der freien Enthalpie. Für das Maximum gilt:

$$\Delta G_K^* = \partial \Delta G_K / \partial r_K = 0$$

Das bedeutet, dass die chemischen Potenziale im Keim und in der übersättigten Phase gleich sind bzw. anders ausgedrückt, ein Keim von kritischer Größe befindet sich in einem labilen thermodynamischen Gleichgewicht mit der übersättigten Phase. Für einen Keim, der die kritische Größe überschritten hat, ist das chemische Potential geringer, als in der ihn umgebenden Phase. Solche Keime sind stabil.

Eine Kristallisation ist ein Übergang von Teilchen aus einer Ausgangsphase in eine Kristallphase. Deshalb ist der Transport von Teilchen aus der Ausgangsphase zur Phasengrenze ein wesentlicher Bestandteil des Kristallisationsvorganges und des Wachstums des Kristalls. Abbildung 3.2 zeigt die Konzentration eines gelösten Stoffes in der Nähe einer ebenen Phasengrenze, die sich in Folge des Kristallwachstums mit der Geschwindigkeit v verschiebt. Die Konzentration

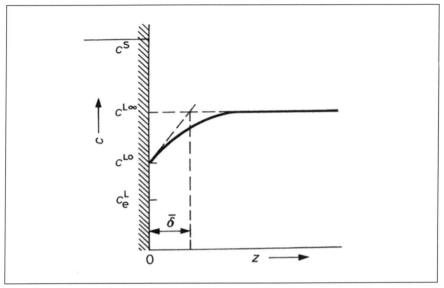

Abbildung 3.2: Konzentration eines gelösten Stoffes in der Nähe der Phasengrenze. c^S ist die Konzentration in der Kristallphase und σ ist die Dicke einer Diffusionsgrenzschicht [Wil88, S.192]

der kristallisierenden Komponente in der Lösung ist weit weg von der Phasengrenze $c^{L\infty}$. Die Konzentration an der Phasengrenze ist c^{L0} mit $c^{L0} < c^{L\infty}$.

Die Voraussetzung für eine Wachstumsgeschwindigkeit ist eine Übersättigung an der Phasengrenze. Dabei ist die Sättigungskonzentration der kristallisierenden Komponente in der Lösung c_e^L. Die Geschwindigkeit der Einbauvorgänge kann dann folgendermaßen ausgedrückt werden: $v = K_c(c^{L0} - c_e^L)$, wobei K_c ein kinetischer Koeffizient ist [Wil88, S.212].

Man unterscheidet zwischen geschwindigkeitsbestimmenden Einbau- und Transportvorgängen. Bei der Kristallisation aus der Lösung verläuft das Wachstum im Wesentlichen in einem Diffusionsregime. Dabei können die Wachstumszeiten sehr lang sein.

Hingegen ist das Wachstum bei einer Kristallisation aus einer Schmelze in den meisten Fällen durch den Wärmetransport bestimmt und in der Regel mit kürzeren Wachstumszeiten verbunden. Dies spiegelt sich in den Ergebnissen der Züchtungsexperimente, die in dieser Arbeit vorgestellt sind, wider.

3.2   Züchtungsmethoden

3.2.1   Kristallzüchtung aus Lösung

Es gibt verschiedene Methoden, Kristalle aus Lösung zu züchten. Diese werden im Folgenden dargestellt.

Die *erste Methode* ist die Verdunstungsmethode. Hier wird der Entzug des Lösungsmittels durch Verdampfen realisiert. Die Glasgefäße (z.b. Petrischalen), in denen sich die Lösung befinden und in denen die Züchtung stattfindet, stehen erschütterungsfrei entweder ganz offen oder mit einer Folie (z.b. Parafilm) bedeckt, welche die Verdunstungsrate reguliert. Die Verdunstungsmethode ist auch mit Rühren kombinierbar.

Die *zweite Methode* ist die Temperaturveränderungsmethode. Für den beispielhaft angenommenen Fall der Zunahme der Löslichkeit mit steigender Temperatur erfolgt bei einer langsamen Abkühlung einer gesättigten Lösung eine Kristallisation. Bei der Abkühlung ist es meist vorteilhaft, einen kleinen Temperaturgradienten zu haben, um die Bildung von Kristallbaufehlern, die bei einer zu hohen Wachstumsgeschwindigkeit auftreten, zu minimieren. Das zur Verfügung stehende Abkühlintervall kann dadurch begrenzt werden, dass beispielsweise unterhalb einer bestimmten Temperatur eine andere Modifikation auskristallisiert. Die Kristallisation verläuft bei einem Abkühlverfahren nicht isotherm. Die temperaturabhängigen Eigenschaften der Lösung, wie die Viskosität, das Diffusionsverhalten und die Kristallisationskinetik, ändern sich innerhalb des Abkühlintervalls [Wil88, S.887].

Die *dritte Methode* ist die Diffusionsmethode. Diese basiert auf dem Prinzip langsam ineinander diffundierender Lösungen. Bei diesem Diffusionsprozess bilden sich die Kristalle.

Eine *weitere Methode* ist die Hydrothermalmethode. Diese benutzt man bei schwer löslichen anorganischen Verbindungen. In einem mit Wasser gefüllten Autoklaven werden diese Verbindungen hoch erhitzt (max. bis ca. 600°C), so dass ein Druck von einigen hundert bar entsteht. Unter diesen Bedingungen lösen sich die meisten Verbindungen auf. Beim anschließenden langsamen Abkühlen erfolgt der Kristallisationsprozess.

Keimbildung und Kristallwachstum setzen eine Übersättigung voraus. Diese könnte, wie schon erwähnt, durch eine Temperaturveränderung oder durch den Entzug des Lösungsmittels erreicht werden.

Die Abbildung 3.3 zeigt ein schematisches Löslichkeitsdiagramm, in welchem neben der Gleichgewichtskurve (Löslichkeitskurve) eine Überlöslichkeitskurve zu sehen ist. Ab dieser Überlöslichkeitskurve setzt die spontane Kristallisation ein. Zwischen den beiden Kurven befindet sich ein definierter metastabiler

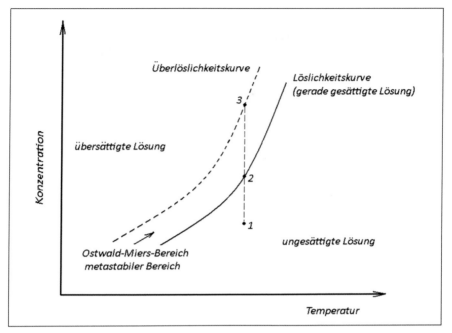

Abbildung 3.3: Löslichkeitsdiagramm nach Vorlage von Mersmann [Mer05, S.449]

Übersättigungsbereich, der Ostwald-Miers-Bereich, in welchem noch keine spontane Keimbildung stattfindet. In den Züchtungsexperimenten aus Lösung, die in dieser Arbeit vorgestellt sind, befinden sich diese eine lange Zeit in einem metastabilen Übersättigungsbereich.

Wenn sich ab dem Punkt 1 die Lösung übersättigt, dann geschieht beim Erreichen und Überschreiten der Löslichkeitskurve im Punkt 2 zunächst nichts. Erst nach dem Erreichen des Punktes 3 setzt die spontane Keimbildung ein. Durch die dann folgende rasche Kristallisation sinkt die Konzentration der Lösung schnell auf den Punkt 2 der Löslichkeitskurve. Die spontane Keimbildung einer Phase wird als homogene Keimbildung bezeichnet.

Durch das Verdunsten von Wasser erlangt eine ungesättigte Lösung ebenfalls immer einen metastabilen Zustand. In einer stark übersättigten Lösung (labiler Zustand) bilden sich spontan kleinste Kristallpartikel, die ein kontrolliertes Kristallwachstum erschweren und von daher unerwünscht sind. Von besonderem Interesse bei der Kristallzüchtung aus einer Lösung ist ihr metastabiler Zustand.

Ein vorhandener Kristall, welcher sich in einer metastabilen Lösung befindet, löst sich in dieser nicht auf, da diese bereits übersättigt ist. Zudem findet dort keine spontane Keimbildung statt und es lagern sich freie Gitterbausteine an das vorhandene Gitter an. Man nutzt diese Erkenntnis für die Kristallzüchtung und gibt möglichst perfekte, von daher meist sehr kleine Kristalle, zu der Lösung hinzu. Die Qualität dieser Kristalle, die man auch Keim- oder Impfkristalle nennt, ist ausschlaggebend für die Qualität des entstehenden Einkristalls, da ein fehlerbehafteter Impfkristall bei dem entstehenden Kristall für Versetzungen oder Unreinheiten verantwortlich ist.

Das Einmischen einer optimal gesättigten Lösung lässt sich häufig, trotz der Kenntnis der Löslichkeitsdaten, nicht genau vornehmen. Dies liegt daran, dass die Löslichkeitsdaten unzureichend genau sind und während des Ansetzens der Lösung einige Parameter verändert werden können. Damit die Lösung den Sättigungspunkt erreicht, kühlt man entweder diese bis zur Sättigungstemperatur ab oder man verdampft das überschüssige Lösungsmittel. Der Grad der Sättigung kann durch Messung der Dichte, des Brechungsindexes, der Leitfähigkeit oder der Viskosität der Lösung ermittelt werden [Wil88, S.888].

Die Beimengungen (beispielsweise Zusätze, Verunreinigungen oder Mineralisationen) können einen großen Einfluss auf die Kinetik des Kristallwachstums ausüben. Die Beimengungen können die Eigenschaft der Lösung verändern, wie zum Beispiel die Viskosität oder die Solvatation der gelösten Komponente. Dies führt zu einer Änderung der Transporteigenschaften in der Lösung. Die Veränderung der Solvatation wirkt auch auf die Reaktionskinetik beim Kristallisieren [Wil88, S.887].

3.2.2   Kristallisation aus einer Schmelze

Wichtige Parameter der Kristallisation aus einer Schmelze sind die Temperatur des geschmolzenen Materials und der Temperaturgradient in diesem Material, damit der optimale Kristallisationsbereich bestimmt wird. Durch die Kontrolle der Kristallisationsgeschwindigkeit fördert man die Bildung der einkristallinen Bereiche. Die anderen Faktoren, die neben der Temperaturverteilung in einer Schmelze wichtig sind, sind die Form des Kristallisators oder des Tiegels und die Bewegungsgeschwindigkeit des Tiegels im Ofen bzw. des Ofens, wenn dieser bewegt wird. Das Problem der Kristallzüchtung aus einer Schmelze von großen Einkristallen besteht darin, dass sich viele Keime bilden. Am besten wäre es, wenn sich nur ein Keim bildet und großvolumig wächst.

Der Wärmetransport ist einer der wichtigsten Vorgänge beim Kristallwachstum aus einer Schmelze. Für den Wärmefluss durch die Phasengrenze gilt: $q^k = q^s + \Delta h j$ mit q^k als Wärmeflussdichte in der Kristallphase und q^s in der Schmelze. Die Schmelzwärme ist Δh und j ist die Dichte des Massenflusses. Die Anordnungen bei den Kristallzüchtungen sind so, dass die Wärmeabfuhr durch

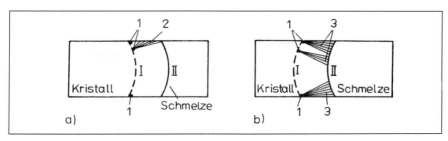

Abbildung 3.4: Ausbreitung von Störungen beim Kristallwachstum aus einer Schmelze: a) bei einer konvexen Wachstumsfront, b) bei einer konkaven Wachstumsfront; I und II Positionen der Wachstumsfront; Initiierung von Störungen bei 1, Herauswachsen bei 2 und Ausbreitung bei 3 [Wil88, S.577]

den Kristall erfolgt. Die Temperatur steigt dann in Richtung Schmelze [Wil88, S.575].

Auf das Ergebnis der Züchtung hat die Form der Wachstumsfront einen wesentlichen Einfluss. Meistens ist eine konvexe Wachstumsfront nach einer konvexen Wölbung der Schmelzisothermen gegeben. Die aus einer Schmelze gezüchteten Kristalle haben eine längliche Form. Somit wachsen die Störungen bei einer konvexen Wachstumsfront allmählich aus dem Kristall heraus. Bei einer konkaven Wachstumsfront sammeln sich eventuelle Störungen im Kristall (siehe Abbildung 3.4).

Bei der Bridgman-Methode wird die Schmelze in einem Tiegel entlang eines vertikalen oder horizontalen Temperaturgradienten des Ofens bewegt. An der kältesten Stelle des Tiegels beginnt dann die Kristallisation und verläuft entlang des Temperaturgradienten. Beispielsweise wird beim vertikalen Bridgman-Verfahren der Tiegel meist nach unten aus der heißen Temperaturzone herausgefahren. Dabei kristallisiert das Material von unten nach oben. Die Ziehgeschwindigkeit des Tiegels beeinflusst die Kristallisationsgeschwindigkeit des Materials.

Bei vielen Anordnungen wird der Ofen so gestaltet, dass zwei möglichst gut getrennte Temperaturzonen entstehen, deren jeweilige Temperatur separat eingestellt werden können. Die erste Zone wird zum Beispiel auf eine konstante Temperatur T_2 gebracht, die oberhalb des Schmelzpunktes liegt. Die zweite Zone wird auf eine konstante Temperatur T_1 eingestellt, die unterhalb des Schmelzpunktes liegt. Bei einem Wechsel von der erste Zone in die zweite erfolgt die Kristallisation. Der Temperaturgradient von der ersten Zone in die zweite Zone kann unterschiedlich gestaltet werden. Von den Temperaturen T_1 und T_2 hängen die Position und die Gestalt der Phasengrenze ab. Auf diese haben auch die Wärmeleitfähigkeit des Kristalls und die der Schmelze und der Wärmeübergang von der ersten in die zweite Zone einen Einfluss. Die Bedingung für die Wachstumsfront hängt von T_1 und T_2 im Verhältnis zum Schmelzpunkt T_s ab. Eine konvexe Wachstumsfront kann unter der Bedingung $(T_s-T_1)/(T_2-T_1){>}0.5$ oder $(T_2+T_1)/2{<}T_s$ erreicht werden [Wil88, S.610].

Die Kristallisationsgeschwindigkeit wird durch eine unterschiedliche Wärmeleitfähigkeit von Kristall und Schmelze, eine begrenzte Länge des Tiegels, aber auch von der Veränderung des Wärmeübergangs an der Oberfläche (durch die Position des Tiegels im Ofen) beeinflusst. Die Kristallisationsgeschwindigkeit ist in der Regel nicht mit der Absenkgeschwindigkeit identisch, sondern kann viel größer sein [Wil88, S.611].

Für die Züchtung von Mischkristallen ist die Frage nach der züchtungsbedingten Konzentration der betreffenden Komponenten wichtig. Die Zusammensetzung der Kristallphase beschreibt man dann durch Verteilungskoeffizienten, die das Verhältnis des Gehaltes einer Komponente im Kristall zum Gehalt in der Ausgangsphase darstellen. In einem Mehrstoffsystem stehen zwei Phasen miteinander im Gleichgewicht und können eine unterschiedliche Zusammensetzung haben. Der Verteilungskoeffizient wird als Quotient der Konzentration der betreffenden Komponenten in der Kristallphase zu denen in der Ausgangsphase berechnet. Aus der Literatur ist bekannt, dass der Verteilungskoeffizient für verschiedene Konzentrationsbereiche eines Stoffsystems unterschiedlich sein kann [Wil88, S.292].

Für die Züchtung aus einer Schmelze wurde ein vertikaler Ofen benutzt. Dieser ist in Abbildung 3.5 zu sehen.

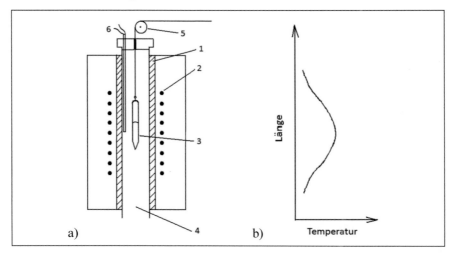

Abbildung 3.5: a) Schematische Darstellung des Ofens für die Züchtung mit der Bridgman Methode und b) Temperaturprofil bei 600°C

Der Ofen besteht aus folgenden Bestandteilen:

(1)   Schutzrohr
(2)   Heizung
(3)   Tiegel
(4)   Absenkraum
(5)   Absenkmechanismus
(6)   Thermoelement

Für die Absenkbewegung des Tiegels wird hier ein Getriebemotor mit entspre-
chender Untersetzung benutzt. Bei diesem können Absenkgeschwindigkeiten bis
zu 0.001mm/min einstellt werden.

3.3 Grundlagen des Magnetismus

Bewegte elektrische Ladungen induzieren ein magnetisches Dipolmoment. Un-
gepaarte Elektronen besitzen einen Eigendrehimpuls $\vec{l}$ und haben ein magnetisches Moment $\vec{\mu}$. Solche Stoffe, die isolierte Zentren mit ungepaarten Elektronen
aufweisen, verhalten sich paramagnetisch und werden in das Magnetfeld hinein-
gezogen. Das magnetische Moment ist dann:

$$\vec{\mu_l} = \gamma_e \vec{l} \text{ mit } \gamma_e = -(e/2m_e)$$

wobei man γ_e als gyromagnetisches Verhältnis bezeichnet. Im Falle eines reinen
magnetischen Spinmomentes ist:

$$\vec{\mu_s} = -g\mu_B \vec{s} \text{ mit } \mu_B = e\hbar/2m_e$$

Der Landé- Faktor g beträgt für das freie Elektron 2. Das Bohr'sche Magneton
μ_B wird als Einheit des magnetischen Moments verwendet [Lue99, S.21].
    Die makroskopische Magnetisierung M_{mol} erhält man durch eine Summe
über alle mikroskopischen Zustände:

$$M_{mol} = \frac{N_A \sum_i \mu_i \, exp\left(-E_i/kT\right)}{\sum_i exp\left(-E_i/kT\right)}$$

N_A ist die Avogadro-Konstante, k die Bolzmannkonstante, μ_i die vorhandene
Moment-Komponente in Richtung des Magnetfelds und E_i die Energie des i-ten
Zustandes.

Als magnetische Suszeptibilität wird folgender Quotient bezeichnet:

$$X_{mol} = dM_{mol}/dH$$

Die Abhängigkeit der Magnetisierung von der Feldstärke bei kleinen Feldern ist meistens linear. Bei hohen Feldstärken H erreicht die Magnetisierung in Folge der vollständigen Ausrichtung aller magnetischen Momente einen Sättigungswert M_s. Mit Hilfe der Brillouin-Funktion $B_S(\alpha)$ kann die Feldabhängigkeit der Magnetisierung bei einer bestimmten Temperatur wie folgt beschrieben werden:

$$B_S(\alpha) = \left\{ \frac{2S+1}{2S} \coth \left[\left(\frac{2S+1}{2S} \right) \alpha \right] - \frac{1}{2S} \coth \left(\frac{\alpha}{2S} \right) \right\}$$

$$\text{mit } \alpha = \frac{g\mu_0\mu_B H}{k_B T}.$$

Die Magnetisierung ist dann $M_{mol} = N_A g S \mu_B B_S(\alpha)$.

Bei einem starken Magnetfeld und bei einer tiefen Temperatur strebt $B_S(\alpha) \to 1$. Dies entspricht dem Sättigungsmoment $\mu_s = g S \mu_B$ [Lue99, 155-157].

Für reine Paramagneten berechnet sich die Suszeptibilität nach dem Curie-Gesetz:

$$X = \frac{C}{T} \text{ mit } C = \frac{\mu_0 N_A g^2 \mu_B^2 S(S+1)}{3k_B}$$

Das effektive magnetische Moment ist dann:

$$\mu_{eff} = g\sqrt{S(S+1)}\mu_B$$

Setzt man μ_{eff} in das Curie-Gesetz ein, ergibt sich für die Suszeptibilität folgender Ausdruck:

$$X = \frac{\mu_0 N_A \mu_{eff}^2}{3k_B T}$$

Daraus folgt für μ_{eff}:

$$\mu_{eff} = \sqrt{\frac{3k_B}{\mu_0 N_A}} \sqrt{XT}$$

Hieraus spiegelt sich die Abhängigkeit des effektiven magnetischen Momentes von der Temperatur wider.

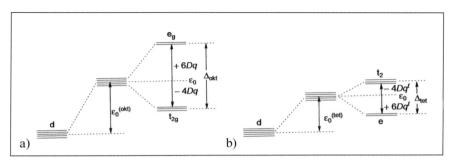

Abbildung 3.6: Vergleich der Aufspaltung der d Orbitale im a) oktaedrischen und b) tetraedrischen Ligandenfeld [Lut98, S.199]

Wird ein Zentralion der 3d Metallreihe, das von einer gewissen Anzahl von Liganden in regelmäßiger geometrischer Anordnung umgeben ist, betrachtet, bleibt der Zustand für das 3d Elektron fünffach entartet, wenn die Ladung der Liganden auf eine Kugel verteilt wird. Wenn die Ligandenladung nicht gleichmäßig über eine Kugel verteilt ist, sondern sich an bestimmten Punkten auf der Kugel konzentriert, dann bilden diese geometrischen Anordnungen um ein Zentralion (z. B. Oktaeder oder Tetraeder). Es ist bekannt, dass die Wechselwirkung zwischen den Ligandenladungen eines Oktaeders und den Elektronen in den 3d Orbitalen zu einer Aufhebung der Entartung führt. Es ergeben sich zwei energetisch verschiedene Zustände. Der erste Zustand ist dreifach (d_{xy}, d_{yz}, d_{zx}) und der zweite Zustand ist zweifach ($d_{x^2-y^2}$, d_{z^2}) entartet. Die Entartung der 3d Orbitale im Tetraederfeld ist partiell aufgehoben. In Abbildung 3.6 sind die Verschiebungen der Energien der 3d Orbitale durch einen sphärischen Potentialtopf und die Aufspaltung der 3d Niveaus im oktaedrischen und tetraedrischen Feld dargestellt. Die Ligandenfeldaufspaltung zeigt, dass die Aufspaltung der Tetraedersymmetrie entgegengesetzt zur Oktaedersymmetrie ist und einen Betrag von 4/9 der Aufspaltung der Oktaedersymmetrie ausmacht [Lut98, S.198].

Durch die Spin-Bahnkopplung im Kristallfeld liefert diese einen geringen Beitrag zum paramagnetischen Moment des betrachteten Ions. Die Wechselwirkungskorrektur $\left(1 - \alpha\frac{\lambda}{10Dq}\right)$ hängt von der Größe der Kristallfeldaufspaltung Dq und dem Spin-Bahnkopplungsparameter λ ab. Dieser Korrekturparameter ist für die Ionen-Komplexe mit oktaedrischer Umgebung und den Grundterm e_g anzuwenden. Das Komplexion Cu^{2+} als Zentralion in oktaedrischer Umgebung zeigt einen temperaturunabhängigen Paramagnetismus. Der Beitrag der Spin-Bahnkopplung im Falle tetraedrischer Koordination ist viel größer. Damit gibt es hier keinen temperaturunabhängigen Paramagnetismus [Wei73, S.163].

Das Curie-Gesetz gilt nur für isolierte magnetische Momente. Wenn es aber Wechselwirkungen mit benachbarten magnetischen Momenten gibt, führen diese zu einer Abweichung vom Curie-Gesetz. Die Abweichung entspricht der Curie-Weiss Konstanten θ_W. Das Curie-Weiss Gesetz ist dann:

$$X = \frac{C}{T - \theta_W}$$

In Abbildung 3.7 sind die typischen Verläufe der Temperaturabhängigkeit der magnetischen Suszeptibilität und des effektiven magnetischen Moments gezeigt.

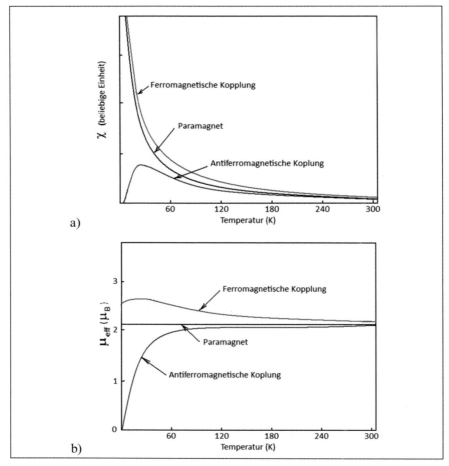

Abbildung 3.7: Typische Verläufe: a) der Temperaturabhängigkeit der magnetischen Suszeptibilität und b) des effektiven magnetischen Moments

Die Austauschwechselwirkung kann direkt durch Orbitalüberlappung der spintragenden Zentren oder indirekt über verbrückende diamagnetische Liganden erfolgen. Aus dem direkten Überlapp der Orbitale resultiert der direkte Austausch. Deshalb sind kurze Abstände der Metallzentren ($\leq$ 2.5 Å) Voraussetzung für einen direkten Austausch. Der indirekte Austausch (Superaustausch) erstreckt sich auf eine große Reichweite der Wechselwirkung (auch > 10 Å). Die Spinzentren wechselwirken dann über eine diamagnetische Brücke miteinander.

Die experimentelle Bestimmung der Austauschparameter kann durch direkte oder indirekte Methoden erfolgen. Die wichtigste direkte Methode zur Ermittlung der Kopplungskonstanten J ist die inelastische Neutronenstreuung. Diese beruht auf einem neutroneninduzierten Übergang zwischen den verschiedenen Spinzuständen. Die Energieaufspaltung lässt sich dann aus der Energiedifferenz der inelastisch gestreuten Neutronen im Vergleich zu den elastisch gestreuten bestimmen. Zu den indirekten Methoden gehören temperaturabhängige Messungen der magnetischen Suszeptibilität, ESR-Messungen, die Messung molarer Wärmekapazitäten und die NMR-Spektroskopie.

3.4 Thermische Ausdehnung

Der Volumenausdehnungskoeffizient β gibt an, wie sich das Volumen V eines Festkörpers bei einer Temperaturänderung ΔT ändert:

$$\beta = \frac{1}{V}\left(\frac{\partial V}{\partial T}\right)_p$$

Die Gibbs-Energie ist definiert als:

$$G(T,p) = E - TS + pV$$

Die isobare Wärmeausdehnung $\beta(T,p)$ ergibt sich als zweite Ableitung der Gibbs-Energie:

$$\frac{\partial^2 G}{\partial T \partial p} = -\left(\frac{\partial S}{\partial p}\right)_T = \left(\frac{\partial V}{\partial T}\right)_p = V \cdot \beta(T,p)$$

Bei Festkörpern wird meistens nur der richtungsabhängige isobare Längenausdehnungskoeffizient gemessen. Die Apparatur, mit der man die thermische Ausdehnung messen kann, heißt Dilatometer. Mit diesem kann man die thermische Ausdehnung nur entlang einer Kristallrichtung i messen.

Dabei ist der Längenausdehnungskoeffizient:

$$\alpha_i(T) = \frac{1}{L_i}\left(\frac{\partial L_i}{\partial T}\right)_p$$

Für Einkristalle, die anisotrope Ausdehnungen zeigen, ergeben sich für unterschiedliche Messrichtungen, beispielsweise entlang der kristallografischen Richtungen, verschiedene Ergebnisse α_i.

Wenn die Messungen in Richtung der drei kristallografischen Achsen gewählt sind, kann man

$$\beta = \sum_{i=1}^{3} \alpha_i$$

bestimmen. Bei Einkristallen, die isotrope Ausdehnungen zeigen, ist dann $\beta = 3\alpha$. Bei polykristallinen Proben ist α proportional zum Volumenausdehnungskoeffizient, weil die Messung über verschiedene Kristallachsen gemittelt wird.

Der Längenausdehnungskoeffizient kann auch mit Hilfe der Röntgenpulverdiffraktometrie bestimmt werden. Diese setzt temperaturabhängige Aufnahmen voraus, welche die Information über die Gitterkonstantenwerte für jeden Temperaturschritt beinhalten.

4 Charakterisierungsmethoden

In diesem Kapitel werden verschiedene Charakterisierungsmethoden vorgestellt. Diese zeigen, welche Methoden benutzt wurden, um beispielsweise die strukturelle, optische, chemische oder magnetische Charakterisierung an Materialien durchzuführen.

4.1 Differenzthermoanalyse (DTA)

Mit Hilfe der Differenzthermoanalyse (DTA) kann man Singularitäten im Temperaturverlauf der spezifischen Wärmekapazität und Umwandlungswärme bei Festkörperreaktionen nachweisen oder Phasendiagramme experimentell bestimmen.

Bei der Differenzthermoanalyse wird die Temperaturdifferenz in Form einer Thermospannung [μV] zwischen der Probe und einer Vergleichsprobe gemessen und als Funktion der Temperatur dargestellt. Während der Messung sind die Proben einem vorgegebenen Temperatur-Zeit-Programm untergeordnet. Reaktionen und Umwandlungen der Probe werden als lokales Maximum – „Peak" oder „Stufe" – in der Messkurve angezeigt.

Bei der Analyse der DTA-Untersuchungen können folgende Phasenübergänge betrachtet werden [Hem89, S.33]:

(i) *Ein Phasenübergang 1. Ordnung*, welcher durch eine Singularität in der Wärmekapazität gekennzeichnet ist. Die Wärmekapazität ist unendlich und die Temperatur der Probe ändert sich während der Umwandlung nicht. Die bei der Umwandlungstemperatur dem System zugefügte Wärme entspricht der Umwandlungswärme. Sprunghafte Änderungen bestimmter physikalischer Größen zeichnen die Phasenumwandlungen aus.

(ii) *Ein Phasenübergang 2. Ordnung*. Er wird gekennzeichnet durch einen Sprung in der spezifischen Wärmekapazität und somit durch eine Stufe in der Messkurve.

Im Folgenden wird das auslösende Ereignis für das DTA-Signal stellvertretend als Reaktion bezeichnet. Wärmeströme zwischen zwei Proben, die sich in einem Ofen befinden, kann man anhand des folgenden Beispiels verdeutlichen: Betrachten wir ein einfaches Modell. Ein Ofen wird aufgeheizt. Es fließen Wärmeströme vom Ofen zur Probe (Φ_{OP}) und zur Vergleichsprobe (Φ_{OR}). Ohne Um-

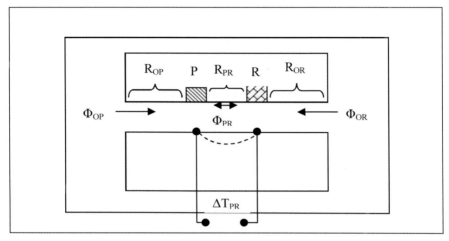

Abbildung 4.1: Schematische Darstellung der Wärmeströme in einem DTA-Gerät nach Vorlage von Hemminger et al. [Hem89, S.6]

wandlung besitzen Probe und Vergleichsprobe dieselbe Temperatur oder es stellt sich, bei leichter Störung der Symmetrie im Ofen, eine geringfügige stationäre Temperatur-Differenz zwischen diesen beiden Proben ein. Durch eine Reaktion in der Probe wird Wärme freigesetzt oder verbraucht (Reaktionswärme), der stationäre Zustand wird gestört. Infolgedessen ändert sich die Temperaturdifferenz zwischen Probe und Vergleichsprobe (ΔT_{PR}) und damit der vom Ofen in die Probe fließende Wärmestrom ($\Delta \Phi_{OP}$).

Die Änderung der Temperaturdifferenz zwischen Probe und Vergleichsprobe (ΔT_{PR}) wird als ein Maß für die Änderung des Wärmestroms (Reaktionswärmestrom Φ) definiert. Die Messgröße ΔT_{PR} ist proportional zum Betrag des Reaktionswärmestroms Φ. Die Temperaturdifferenz kann mit folgender Gleichung dargestellt werden [Hem89, S.143]:

$$\Delta T(t) = -\Phi \cdot R - R \cdot (C_P - C_R) \cdot \beta - \tau \cdot (d\Delta T / dt)$$

Man geht bei der Berechnung aus Vereinfachungsgründen davon aus, dass der thermische Widerstand zwischen Ofen und Probe oder Vergleichsprobe $R = R_{OP} = R_{OR}$ ist. C_P und C_R sind die Wärmekapazitäten der Probe und der Vergleichsprobe. Die Heizrate ist $\beta = dT_R / dt$. Der letzte Term $\tau \cdot (d\Delta T / dt)$ hängt von der Wärmekapazität der Probe und der Änderungsgeschwindigkeit des Messsignals mit $\tau = C_P \cdot R$ ab. In Abbildung 4.2 ist die Messkurve für eine endotherme Reaktion zu sehen.

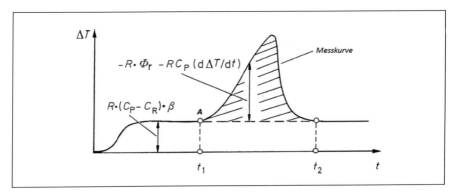

Abbildung 4.2: Beispiel einer Messkurve für eine endotherme Reaktion [Hem89, S.144]

Zunächst gilt die einfache Annahme, dass sich zwischen dem Ofen und den Proben konstante Wärmewiderstände (R_{OP} und R_{OR}) befinden. Diese sind in dem Experiment nicht gleich groß und können sich mit der Temperatur ändern. Zwischen Probe und Vergleichsprobe sollte keine thermische Wechselwirkung bestehen. Allerdings gibt es in Wirklichkeit zwischen den beiden einen endlichen Wärmewiderstand (R_{PR}).

Sind die DTA-Signale für die gegebenen Umwandlungen hinreichend reproduzierbar, kann man den Zusammenhang zwischen reaktionsbedingter Temperaturdifferenz ΔT_{PR} und Reaktionswärmestrom Φ_{PR} quantitativ bestimmen. Ein solchermaßen geeichtes Gerät wird dann als „Dynamisches Differenz-Kalorimeter" bezeichnet. Statt von DTA spricht man beim Einsatz einer derartigen Apparatur von DSC („Differential Scanning Calorimetry").

Zu den Methoden der thermischen Analyse gehört auch die Thermogravimetrie (TG). Bei der Thermogravimetrie wird das Gewicht der Probe in Abhängigkeit von der Temperatur kontinuierlich gemessen.

Für Präzisionsmessungen sollte eine Auftriebskorrekturkurve unter identischen Bedingungen bezüglich Atmosphäre, Probenträger, Tiegel und Heizrate ermittelt werden.

Zur Beschreibung von Messkurven benötigt man folgende Fachbegriffe, die nachfolgend kurz erläutert werden:

(i)   Die *Basislinie* ist der Teil der Messkurve, bei dem keine Probenreaktion stattfindet oder auch derjenige Kurventeil, der im Bereich einer Reaktion einen Peak aufweist und zwar so, dass die Messkurve vor und nach dem Peak verbunden werden kann, als wäre keine Reaktionswärme freigesetzt worden, obwohl eine thermophysikalische Umwandlung abgelaufen ist.

(ii)   Das *Messsignal* oder das *Ausgangssignal*, das die DTA/DSC-Geräte liefern, ist eine elektrische Spannung (in µV gemessen). Dieses Signal entspricht der Temperaturdifferenz oder dem Reaktionswärmestrom (bei DSC) zwischen Probe und Vergleichsprobe. Üblicherweise wird das Signal als Funktion der Zeit (t) oder der Temperatur (T) der Vergleichsprobe aufgezeichnet.

Bei den hier vorgestellten Messungen gilt folgende Konvention:

(i)   Wenn die Temperaturdifferenz zwischen Vergleichsprobe und Probe abnimmt (= endotherme Reaktion), dann zeigt das positive Messsignal bei der DSC Messkurve nach oben.

(ii) Exotherme Prozesse werden in negativer y-Richtung aufgetragen:

$$\Delta T = T_P - T_R < 0 \quad \text{endotherme Reaktion und}$$

$$\Delta T = T_P - T_R > 0 \quad \text{exotherme Reaktion.}$$

Es können noch weitere Informationen aus der Messkurve entnommen werden, wie zum Beispiel die Reaktionswärme. Diese wird bestimmt aus der Fläche zwischen der Messkurve und der Basislinie. In manchen Fällen verläuft die Basislinie nicht parallel zur Abszisse, sondern weist eine Krümmung auf oder ist nach der Reaktion versetzt. Diese Versetzung ist auf einen Unterschied der Wärmekapazität zwischen Anfangs- und Endzustand der Probe zurückzuführen.

Wie in Abbildung 4.2 zu sehen ist, weicht im Punkt A zum ersten Mal das Messsignal von der Basislinie ab, was bedeutet, dass an dieser Stelle ein Übergang in ein Zweiphasengebiet erfolgt. Solange der Schmelzvorgang andauert, bleibt die Probe konstant auf der Schmelztemperatur.

Die Temperatur der Vergleichsprobe wird währenddessen von außen mit einer vorgegebenen Heizrate erhöht. Deshalb sieht man einen linearen Anstieg des DTA-Signals.

Die Steigung der Geraden ist durch die Heizrate gegeben. Solch ein Verhalten gilt für Einstoffsysteme und kongruent schmelzende Verbindungen. Nachdem der Schmelzvorgang abgeschlossen ist, gleicht sich die Probentemperatur exponentiell an die Vergleichsprobe an.

Die Messung von DTA/DSC Kurven erfolgt mit einer Anlage „STA 409" der Firma Netzsch [Net]. Diese ermöglicht die gleichzeitige Durchführung von Thermogravimetrie (TG) und Wärmestrom-Differenz-Kalorimetrie (DSC).

Die Anlage STA 409 besteht aus folgenden Komponenten (siehe Abbildung 4.3 und Abbildung 4.4):

a)   *Analysenwaage*: Diese hochempfindliche Waage arbeitet nach dem Prinzip der Substitutions-Balkenwaage mit elektromagnetischer Gewichtskompensation. Der Kompensationsbereich beträgt maximal 2500 mg. Die Analysenwaage befindet sich in einem vakuumdichten Behälter.

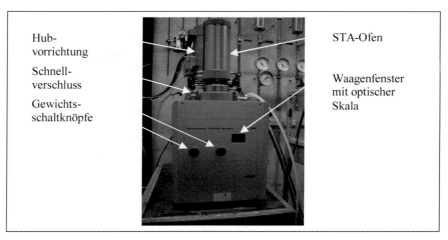

Abbildung 4.3: Anlage „STA 409"

b)   *Standardofensystem* (STA-Ofen). Dieser STA-Ofen ist für Messungen im
     Messbereich zwischen 25°C und 1500°C ausgelegt.

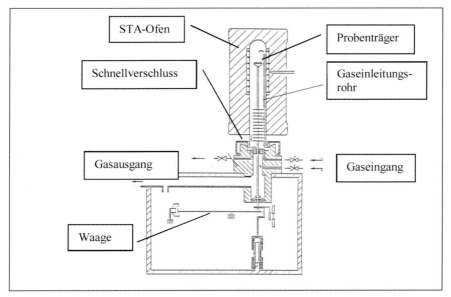

Abbildung 4.4: Anlage „STA 409"– schematische Darstellung [Net]

c) *Probenträgersystem.* Es wird ein TG/DTA-Probenträger (Messsystem mit Aufstecktiegeln) verwendet, der insgesamt zwei Plätze für einen Probentiegel und einen Vergleichsprobentiegel aufweist. Der Kopf des Probenträgers, die Kapillare und teilweise der Strahlenschutz bestehen aus hochwertigem Aluminiumoxid. Die Temperaturmessung erfolgt über PtRh/Pt Thermoelemente. Einen Strahlungsschutz benötigt man, um die Wärmestrahlung vom Ofen zum Wägesystem zu verhindern.

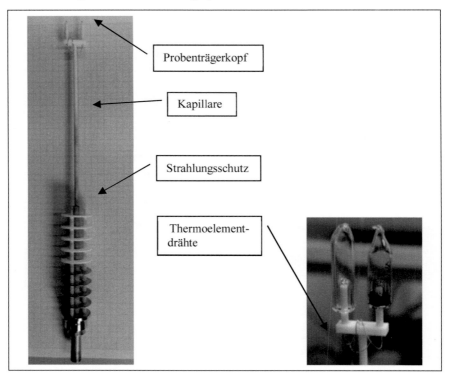

Abbildung 4.5: Elemente des Probenträgers und ein Beispiel von zwei Quarzampullen nach dem Versuch

Für diese Untersuchung werden Quarzampullen verwendet. Das Material ist gegenüber dem zu untersuchenden Material beständig und hat bekannterweise eine schlechte Wärmeleitung. Durch den größeren Wärmewiderstand wird das Signal verbreitert. Es ist darauf zu achten, dass zur Messung Probe- und Referenztiegel in möglichst symmetrischer Weise auf den Messkopf aufgesetzt werden den.

4.2 Röntgendiffraktometrie

Die Grundlage der Röntgendiffraktometrie ist die konstruktive Interferenz von Röntgenstrahlung. Auf der Grundlage der Arbeiten von Laue in 1912 entwickelten W.L. Bragg und W.H. Bragg schon ein Jahr später die nach ihnen benannte Braggsche Gleichung [All03, S.6]:

$$n \cdot \lambda = 2d \sin \theta$$

mit:
- λ: Wellenlänge der angewendeten Strahlung
- d: Netzebenenabstände
- θ: Beugungswinkel

Die Anwendung dieser Gleichung ermöglicht auf einfache Weise die Bestimmung des Abstandes der Atomlagen im Kristallgitter aus experimentell zugänglichen Größen.

Das erste und mit heutigen Apparaturen vergleichbare Pulverdiffraktometer wurde 1945 von Friedmann und Parrish entwickelt. Von ihnen stammt auch das als Bragg-Brentano-Geometrie bezeichnete Fokussierungsprinzip, auf das weiter unten eingegangen wird [Spi09, S.157].

Bei der Pulverdiffraktometrie werden an Kristallpulvern gebeugte Röntgenstrahlung aufgenommen. Eine statistische Orientierungsverteilung der Kristallite gewährleistet über den gesamten Winkelbereich die Registrierung der möglichen Beugungsreflexe mit den strukturbedingten, relativen Reflexintensitäten. Das Prinzip der Pulverdiffraktometrie ist die Erfüllung der Braggsche Beugungsbedingung, die schon oben beschrieben wurde.

Man kann die optimale Korngröße experimentell abschätzen, in dem man einige Probemessungen mit einem unterschiedlich fein gemahlenen Pulver durchführt und die Beugungsreflexe miteinander vergleicht. Die optimale Korngröße erzeugt dabei eine Kurve mit bestmöglichem Signal-Rausch-Verhältnis ohne korngrößenbedingte Reflexverbreiterung.

Bei früheren Untersuchungen wurde festgestellt, dass die beste Pulvergröße für die hier untersuchten Systeme bei 20 µm liegt. Die meisten untersuchten Proben wurden mit einem Mörser gemahlen und mit einem 20 µm – Sieb (Ni) der Firma Retsch gesiebt und anschließend auf einen Probenträger aus Glas, auf den zuvor etwas Vakuumfett aufgetragen wurde, aufgestreut. Strukturell ist das Vakuumfett amorph und verursacht deshalb keine Reflexe.

Neben der Korngröße können auch weitere probenbedingte Effekte wie Gitterspannungen, Versetzungen oder Stapelfehler sowie Geräteeinflüsse zu einer Reflexverbreiterung führen. In größeren Einkristallen kann es zusätzliche Eigenspannungen geben, als deren Ergebnis die Elementarzellen gestreckt oder gestaucht sind. In einem Pulver tritt dies allerdings nicht auf.

Der Zerkleinerungsvorgang selbst ist nicht immer unproblematisch. Es hat sich gezeigt, dass beim Mahlprozess Phasenumwandlungen oder chemische Reaktionen durch Erwärmung oder Druck auftreten können. Durch Kühlen mit flüssigem Stickstoff kann man den Mahlprozess verbessern, weil das Material dadurch sehr spröde wird. Auch beim Kühlprozess kann die Phase nicht nur umgewandelt, sondern auch stabilisiert werden, so dass sie sich beim Mahlen nicht (erneut) umwandelt. Diese Eigenschaft des untersuchten Materials beim Mahlprozeß ist hinsichtlich der Untersuchung der thermischen Stabilität des Mischsystems notwendig.

Die Diffraktometer D500 (Siemens) und D8 Focus (Bruker)

Die Funktionsweise beider Diffraktometer basiert auf der Bragg-Brentano Geometrie. Bei beiden wird die gleiche CuKα-Strahlung verwendet. Deshalb wird im Folgenden nur auf die Beschreibung von D500 eingegangen.

Zur Untersuchungen der Proben wurde ein Zweikreisdiffraktometer „D500" der Firma Siemens verwendet, welches in Abbildung 4.6 zu sehen ist [Sie].

Während des Arbeitsvorgangs dreht sich der Probenträger mit konstanter Winkelgeschwindigkeit. Der Detektor wird währenddessen mit der doppelten Winkelgeschwindigkeit um die Probe bewegt. Der maximale 2θ Messbereich erstreckt sich bis 168°.

Für die Messungen zu dieser Arbeit wurde eine Röntgenröhre mit Kupferanode verwendet. Um die K_β-Strahlung des Röntgenspektrums abzuschirmen,

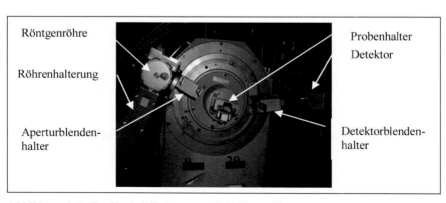

Abbildung 4.6: Zweikreisdiffraktometer „D500" von Siemens

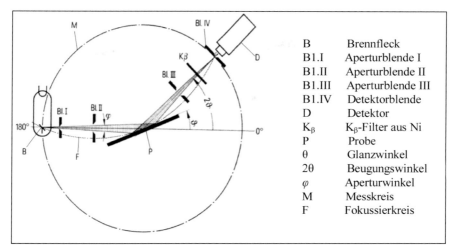

Abbildung 4.7: Bragg-Brentano Geometrie [Sie]

wird in diesem Fall eine Nickelblende angebracht, so dass nur die K_α-Strahlung (1,54178Å) den Detektor erreicht. Detektiert wird mit einem Szintillationszähler. Dort werden die eingefangenen Photonen in einem Szintillationskristall in schwache Lichtblitze des sichtbaren Spektralbereichs umgesetzt. Dann erzeugen diese in einem Photonenvielfachverstärker einen Stromstoß, der weiterverarbeitet und registriert wird.

In Abbildung 4.7 ist der Strahlengang des Diffraktometers D500 im 2 θ/θ Betrieb dargestellt. Die Probe, der Brennfleck der Röntgenröhre und die Detektorblende liegen auf dem Fokussierkreis F. Die letzten beiden befinden auf dem Messkreis M, in dessen Zentrum die Probe auf dem Probenträger liegt. Somit liegt die Probenoberfläche wie eine Tangente am Fokussierkreis an. Dies kann zu einer Verbreiterung der Reflexe führen, da nicht die gesamte gebeugte Strahlung im Detektor gebündelt wird. Besitzt die Probe/der Probenträger die gleiche Krümmung wie der Fokussierkreis, werden optimale Beugungsbedingungen realisiert, da sodann die gesamte gebeugte Strahlung auf dem Detektor fokussiert wird. Eine solche Anordnung des Fokussierungskreises und des Messkreises nennt man Bragg-Brentano-Geometrie. Zwischen Röhre und Probe sind die beiden Aperturblenden I und II angebracht, die das bestrahlte Probenteil eingrenzen. Die Aperturblende III unterdrückt die Streustrahlung. Von der Detektorblende hängt das Auflösungsvermögen des Diffraktometers ab.

Die tieftemperaturabhängige Diffraktometrie wurde ebenfalls am Diffraktometer D500 durchgeführt. Dabei wurde für das Kühlsystem, welches aus dem Kompressor und Cryodyne M-22 besteht, Helium zur Kühlung der Kammer verwendet. Dieses arbeitet nach einem Gifford-McMahon-Prinzip, so dass eine Temperatur bis 10 K erreicht werden kann [Fre81]. Der Kühlaufsatz des Diffrak-tometers hat einen Kupferprobenträger, auf dem unter Anwendung von Tieftem-peraturfett (Apiezon N) das Pulver für die Untersuchung aufgebracht werden kann.

Lauediffraktometrie

Für die Lauediffraktometrie (Laue-Methode) benutzt man ein polychromatisches („weißes") Spektrum. Der Kristall bleibt bei dieser Methode feststehend. Aus dem vorhandenen polychromatischen Spektrum „findet" der Kristall zu jeder gegebenen Netzebenenschar (hkl) eine passende Wellenlänge. Für diese Wellen-längen sind dann die Interferenzbedingungen, die durch die Bragg-Gleichung gegeben sind, erfüllt. Das Interferenzbild, das auf einer Bildplatte entsteht, er-weist sich als charakteristisches Reflexmuster. Zu jedem Reflex lässt sich eine Netzebenenschar zuordnen. In den Laue-Aufnahmen spiegeln sich die struktur-bestimmenden Drehachsen und die Spiegelebenen wider. Außerdem kann man die Zugehörigkeit der Struktur zu einer der elf Laueklassen [Mas07, S.84] be-stimmen. Eine weitere wichtige Anwendung der Laue-Aufnahmen ist die Orien-tierung der Kristalle.

Bei der Verwendung der Anlage „Müller Mikro 91" wird das polychroma-tische Röntgenlicht mit Hilfe einer Wolframanode erzeugt. Die benutzte Be-schleunigungsspannung (bis zu 15 kV) regt noch nicht die charakteristischen K-Linien an. Beispielsweise liegt die $K_{\alpha 1}$ Linie für Wolfram bei 59.310 keV. Die L-Linien von Wolfram werden angeregt, sind aber von der Intensität sehr schwach. Zum Beispiel liegt die $L_{\alpha 1}$ Linie bei 8.396 keV.

Für die Laue-Aufnahmen wurde ein Aufbau in Reflexionsstellung benutzt. Das Detektieren der Reflexe wurde mit Hilfe einer Bildplatte und dem Bildscan-ner (FLA-7000 von Fujifilm) realisiert. Die durch die Röntgenquanten angereg-ten Plattenbereiche werden dann ausgelesen. Die Bildplatte besteht aus einer flexiblen Polymermatrix, auf der eine Schicht von Phosphorpulver angebracht ist, die etwa 25 bis 150 μm dick ist. Dieses Phosphorpulver besteht aus BaFX (X=Cl, Br) und ist mit zweiwertigem Europium (Eu^{2+}) dotiert. Die Bildplatte wird von Röntgenquanten getroffen. Dabei entstehen in der Bildplatte lokal Elektron/Loch-Paare. Die frei werdenden Elektronen werden in den F-Zentren des Gitters von BaFX teilweise gespeichert. Ihre Anzahl ist proportional zur Röntgendosis. Die Bildplatte wird mit einem Laserscanner mit Hilfe einer photo-stimulierten Lumineszenz ausgelesen. Die dabei emittierten Photonen werden in einem Photomultiplier erfasst und in ein elektrisches Signal umgewandelt. Zur Wiederverwendung dieser Bildplatte kann man diese mit einem sehr hellen, sichtbaren Licht löschen.

4.3 Rasterelektronenmikroskopie mit energiedispersiver Analyse (EDX)

Um Rückschlüsse auf die Oberflächenbeschaffenheit und die chemische Zusammensetzung der Kristalle ziehen zu können, werden Untersuchungen mit dem Rasterelektronenmikroskop (REM) durchgeführt.

Die untersuchten Proben werden im Rasterelektronenmikroskop mit einem Elektronenstrahl Punkt für Punkt und Zeile für Zeile abgetastet. Durch die Wechselwirkungsprozesse zwischen dem Primärelektronenstrahl und dem untersuchtem Material kann man Emissionsprodukte wie Rückstreuelektronen (RE), Sekundärelektronen (SE), Auger-Elektronen, Röntgenstrahlung, Kathodolumineszenz, absorbierte Elektronen und transmittierte Elektronen beobachten.

Diese entstehenden Emissionsprodukte sind in der Abbildung 4.8 schematisch dargestellt. Für die Bildgebung sind die RE und die SE entscheidend. Für die Elementanalyse wird die Energieverteilung der Röntgenstrahlen untersucht.

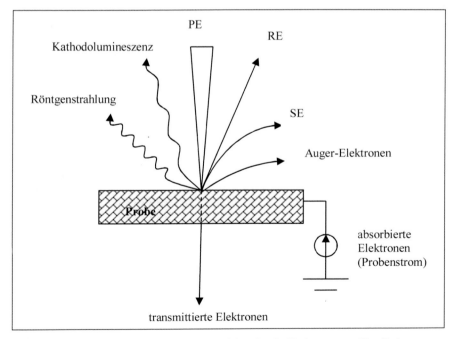

Abbildung 4.8: Entstehende Emissionsprodukte (nach Vorlage von „Physik in unserer Zeit" [Phy85])

Die Rückstreuelektronen (RE) entstehen durch elastische Streuung der Primärelektronen (PE) an den Atomkernen der Probe. Der Streuquerschnitt hängt von
der Ordnungszahl (OZ) der Elemente ab. Je schwerer ein Element ist, desto
höher ist die Wahrscheinlichkeit für das Auftreten eines Rückstreuprozesses.
Liegen in einer Probe mehrere Phasen mit unterschiedlichen Elementzusammen-
setzungen vor, so werden je nach OZ-Verteilung unterschiedlich viele Elektronen rückgestreut. Auf diese Weise lassen sich im Rückstreubild verschiedene
Phasen oder Verunreinigungen leicht unterscheiden. Gebiete mit hoher OZ werden hell und solche mit kleiner OZ werden dunkel dargestellt. Die Rückstreuelektronen können aus relativ tiefen Schichten (100 nm bis 1 µm) der Probe
kommen.

Die Sekundärelektronen (SE) entstehen durch unelastische Streuung der
Primärelektronen (PE) der Probe. Die Energie eines Primärelektrons wird dabei
auf ein gebundenes Elektron übertragen. Dieses kann als SE aus der Probe austreten, besitzt aber aufgrund der zu leistenden Austrittsarbeit eine wesentlich
kleinere Energie (<50eV) und damit auch eine wesentlich kleinere Geschwindigkeit als die PE. Die Lücke, welche das SE im Atom hinterlässt, wird durch Elekt-
ronenübergänge aus höheren Schalen aufgefüllt. Auf diese Weise entsteht das
charakteristische Röntgenspektrum, welches für qualitative und quantitative
Elementanalysen genutzt wird.

Um die verschiedenen Emissionsprodukte zu analysieren, werden unterschiedliche Detektoren verwendet. SE- und RE-Detektoren sind für das REM-
Bild entscheidend.

Für die energiedispersive Analyse (EDX) der entstehenden Röntgenquanten
wird ein mit Lithium (Li) gedrifteter p-Si Halbleiterdetektor verwendet. In einen
solchen Si/Li-Detektor eingedrungene Röntgenquanten verursachen einen Ioni-
sationsprozess. Dabei entsteht eine Ladung, die direkt proportional zur Energie
der einfallenden Röntgenstrahlung ist. Diese Ladung wird verstärkt und in einen
Spannungsimpuls umgewandelt. Die Pulshöhe entspricht der Lage im Energies-
pektrum und der Identifizierung des Elements. Die Pulsanzahl entspricht der
Häufigkeit des Elements.

REM-Apparatur

Für die Messungen wurde das Rasterelektronenmikroskop (REM) „DSM 940 A"
der Firma Zeiss eingesetzt. Die Auflösungsgrenze beträgt 100 nm. Im Vergleich
zu den Lichtmikroskopen erreicht das REM bei einer so hohen Ortsauflösung
eine sehr große Tiefenschärfe. Zur Elektronenstrahl-Erzeugung dient eine Wol-
framhaarnadelkathode. Die Hochspannung zur Beschleunigung der Elektronen
beträgt bis zu 30 kV. Je höher die Spannung ist, desto größer ist die Eindringtiefe
des Elektronenstrahls in die Probe.

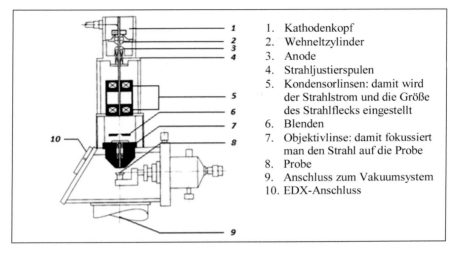

1. Kathodenkopf
2. Wehneltzylinder
3. Anode
4. Strahljustierspulen
5. Kondensorlinsen: damit wird
   der Strahlstrom und die Größe
   des Strahlflecks eingestellt
6. Blenden
7. Objektivlinse: damit fokussiert
   man den Strahl auf die Probe
8. Probe
9. Anschluss zum Vakuumsystem
10. EDX-Anschluss

Abbildung 4.9: Schematische Darstellung des Rasterelektronenmikroskops „DSM 940 A"
der Firma Zeiss [Zei]

Bei den durchgeführten Messungen wurde eine Hochspannung von 30 kV gewählt. Nachdem der Elektronenstrahl die Anode passiert, wird dieser mit Hilfe von zwei Spulenpaaren (Kondensorlinsen) fokussiert. Durch die Blenden wird der Strahlquerschnitt, bevor er auf der Probe trifft, zusätzlich begrenzt. Die Ablenkspulen ermöglichen das Abtasten der Oberfläche der Probe mit dem Elektronenstrahl. In Abbildung 4.9 ist der schematischer Aufbau des Rasterelektronenmikroskops „DSM 940 A" gezeigt.

Für das Detektieren unterschiedlicher Wechselwirkungsprodukte werden verschiedene Detektoren benötigt. Da die SE eine wesentlich kleinere Geschwindigkeit haben, als die RE, erreichen diese normalerweise keinen Detektor. Deshalb hat der Sekundärelektronendetektor vor dem Detektorkristall einen Kollektor, der auf positive Spannung geschaltet ist. Damit werden die von der Probe kommenden SE „abgesaugt". Mit Hilfe der SE entsteht ein Sekundärelektronenbild oder Oberflächenbild für die Analyse. Den Rückstreudetektor, der einen Szintillationskristall (YAP = Yttrium-Aluminium-Perovskit) beinhaltet, welcher direkt oberhalb der Probe (am Ende des elektromagnetischen Objektivs) angebracht ist, nutzt man, um die schnellen RE einzusammeln. Damit erhält man ein Rückstreuelektronenbild [Zei].

Wie schon beschrieben wurde, nutzt man einen Detektor mit Lithium gedrifteten p-Silicium Halbleiterkristall zur Analyse der Energie der Röntgenquanten. Die Röntgenquanten treffen auf den Detektorkristall und verursachen dort eine Ladungstrennung zwischen Elektronen und Ionen. Es entstehen Elektron-

Loch-Paare, so dass bei jedem Vorgang solange 3.8 eV verbraucht werden, bis die ursprüngliche Energie des Röntgenquants aufgebraucht ist. Damit kann man auf die ursprüngliche Energie des Röntgenquants schließen. Mit dem vorhandenen EDX-Detektor lassen sich Elemente ab Kohlenstoff ($Z \geq 6$) analysieren. Eine wichtige Rolle spielt bei der Analyse die Energieauflösung des Detektors. Diese ist ihrerseits von dem Detektorkristall abhängig. In dem verwendeten Detektorsystem (Firma EDAX) wurde ein Detektorkristall vom Typ „Sapphire" verwendet. Die Energieauflösung dieses Detektorkristalls beträgt 132 eV an Mn-Kα bei einer Zeitkonstante von 102 μsek.

Die Proben müssen leitend sein und mit dem geerdeten Mikroskopgehäuse verbunden sein, da sie sich sonst durch den Elektronen-Beschuss aufladen. Nicht leitende Proben werden mit Kohlenstoff bedampft. Dazu wird eine Sputter-Anlage „N 318" der Firma Balzers Union verwendet.

Die Genauigkeit der EDX-Messungen liegt für die Hauptbestandteile des untersuchten Materials bei 1 - 2 at%. Diese hängt aber stark von der Ordnungszahl der entsprechenden Elemente ab.

4.4 Polarisationsmikroskopie

Man unterscheidet zwei Verfahren bei der Polarisationsmikroskopie: die Orthoskopie und die Konoskopie.

(i) Bei der *Orthoskopie* (direkte Beobachtung) wird das Objekt mit polarisiertem Licht abgebildet. Damit entspricht jeder Bildpunkt einem Punkt im Objekt. Im Zwischenbild werden Kontraste sichtbar, die der räumlichen Anordnung der Objektdetails entsprechen.

(ii) Bei der *Konoskopie* (indirekter Beobachtung) werden die in der Objektivbrennebene entstehenden Interferenzfiguren mittels eines Bertrandsystems in einer Zwischenbildebene abgebildet. Hier entspricht jeder Bildpunkt einer optischen Richtung im Objekt. Das beobachtbare Bild gibt Auskunft über die Richtungsabhängigkeit der Doppelbrechung in der Probe.

Während man die Orthoskopie für die Ortsauflösung einsetzt, benutzt man die Konoskopie für die Strukturauflösung.

Für die konoskopische Beobachtung erzeugt man einen Strahlenkegel, dessen Strahlen die Probe in möglichst vielen Richtungen durchsetzen. Bei optisch isotropen Proben hängt die Ausbreitungsgeschwindigkeit nicht von der Ausbreitungsrichtung im Kristall ab. Bei anisotropen Proben bewegen sich zwei senkrecht aufeinander schwingende Wellen (Hauptschwingungen) mit unterschiedlichen Geschwindigkeiten (Gangunterschied). Diese Wellen überlagern sich im Analysator, wodurch ein Interferenzbild zustande kommt. Deshalb ergeben sich für anisotrope Proben charakteristische Interferenzbilder.

Man unterscheidet optisch einachsige, optisch zweiachsige und optisch isotrope Kristalle, zu denen nur kubische Kristalle zählen. Tetragonale, trigonale und hexagonale Kristalle sind optisch einachsig. Alle anderen (Kristalle niedriger Symmetrie) sind optisch zweiachsig.

In Abbildung 4.10 sind unterschiedliche Interferenzfiguren mit verschiedenen geneigten optischen Achsen zu sehen. Beispielsweise erscheint in Abbildung 4.10 a) ein schwarzer Fleck in der Mitte der Interferenzfigur, wo die Strahlen den Kristall parallel zur c-Achse durchdringen und nicht aufgespalten werden. Dieser Fleck heißt Melatope. In der Melatope schneiden sich zwei dunkle Streifen, die Isogyren heißen. Man sieht ein charakteristisches Kreuz, das sich durch Isogyren bildet.

Wenn die optische Achse geneigt ist, dann liegt die Melatope nicht mehr im Zentrum des Gesichtsfeldes, wie in Abbildung 4.10 b), c) und d) dargestellt ist.

Die Strahlen laufen in dem Kristall in verschiedenen Richtungen und legen verschieden lange Wege zurück. Es ergeben sich verschiedene Gangunterschiede. Die Strahlen mit gleichem Gangunterschied liegen auf den Kegelmänteln um die optische Achse. Beim Arbeiten mit weißem Licht führt der Gangunterschied zwischen dem ordentlichen und dem außerordentlichem Strahl zu Interferenzfarben. Die Kreise mit gleicher Interferenzfarbe sind konzentrisch um die Melatope angeordnet und heißen Isochrome.

Für die *optisch einachsigen Kristalle* kann der Gangunterschied zwischen dem ordentlichen und dem außerordentlichen Strahl wie folgt ausgedrückt werden:

$$\Delta = (t_2 - t_1) \cdot v$$

wobei t_1 und t_2 die Zeiten sind, die der Strahl benötigt, um ein Korn der Dicke d zu durchlaufen.

Wenn man die Zeiten t_1 und t_2 über die Geschwindigkeiten im Kristall ausdrückt und die Definition der Brechungsindizes berücksichtigt, bekommt man folgenden Ausdruck für den Gangunterschied zwischen den beiden Strahlen:

$$\Delta = (n_1 - n_2) \cdot d$$

Man sieht, dass der Gangunterschied von der Differenz der beiden Brechungsindizes abhängt. Dieser wird als Wert der Doppelbrechung bezeichnet.

Die Rotationsachse A ist die optische Achse des Kristalls. Beim Drehen des Kristalls ändert sich das Bild nicht. Man sieht ein schwarzes Kreuz, weil die Wellen parallel zum Polarisator und der Analysatorrichtungen schwingen. Die Zahl der Isochromen (Farbringe) hängt von der Doppelbrechung und der Dicke des Kristalls ab.

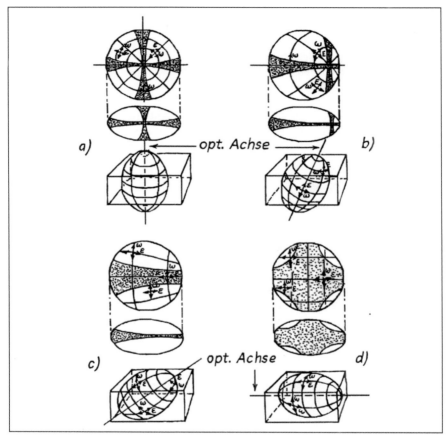

Abbildung 4.10: Interferenzfiguren: a) senkrecht zur optischen Achse, b), c) und d) geneigt zur optischen Achse [Fue91]

Für die *optisch zweiachsigen Kristalle* ergibt sich ein Netz aus überschneidenden Ellipsen. Es gibt dann zwei optische Achsen, die in den Brennpunkten der Ellipsen austreten. Beim Drehen dieser Kristalle ändert sich das Interferenzbild sehr stark.

Das Polarisationsmikroskop

Das benutzte Polarisationsmikroskop „Universal" der Firma Zeiss besteht aus verschiedenen Elementen. Der Polarisator und der Analysator dieses Polarisationsmikroskops sind aus farbneutralen Folien hergestellt. Dabei ist erwähnenswert:

(i) Der Polarisator macht aus Lichtwellen, die in allen möglichen Richtungen schwingen, eine linearpolarisierte Lichtwelle. Er besteht aus einem Polarisationsfilter, das ein- und ausschwenkbar am Kondensorträger montiert ist. Es gibt dort eine Führung für einen zusätzlichen Kompensator, der für die Verfeinerung der Gangunterschiedsmessungen bestimmt ist.

(ii) Der Analysator besteht aus einem weiteren Polarisations-Filter. Er dient der Analyse der Veränderungen der Polarisationswellen im Kristall.

Der Mikroskoptubus enthält eine Revolverscheibe zum Einschwenken von Hilfslinsen. Somit kann beispielsweise zwischen orthoskopischer und konoskopischer Betrachtungsart gewechselt werden.

4.5 Messung magnetischer Eigenschaften

Zur Messung der Magnetisierung bzw. der magnetischen Suszeptibilität wurde ein VSM-Einsatz (Vibrating Sample Magnetometer) für das PPMS (Physical Property Measurement System) der Firma Quantum Design benutzt. Die Parameter für die Messung sind hierbei:

(i) ein Temperaturbereich zwischen 1.8 K und 400 K und

(ii) ein Magnetfeld bis zu 9 T.

Der VSM-Einsatz für PPMS

Die VSM Messzelle wird kurz „Puck" genannt und besteht aus zwei gegensinnig gewickelten Spulen. Diese werden als ein Pickupspulensystem bezeichnet. Bei der hier benutzten Apparatur oszilliert die Probe mit einer bestimmten Frequenz in eine Richtung parallel zur Spulenachse und parallel zur Magnetfeldrichtung eines supraleitenden Magnets. Bei dem hier verwendeten Aufbau beträgt die Frequenz 20 Hz (maximal 40 Hz) und die Amplitude 2 mm (max. 4 mm). Die Probe wird mit einem Spezialkleber (Varnisch) auf dem Quarzprobenträger befestigt oder kann in einen Probenträger (zum Beispiel aus Kupfer) eingeklemmt werden. Während einer Messung führt die Oszillation der Probe zu einer periodisch veränderlichen Induktionsspannung im Pickupspulensystem. In Abbildung 4.11 ist eine schematische Darstellung des Vibrations-Magnetometers zu sehen.

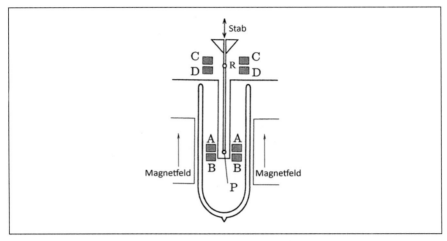

Abbildung 4.11:   Schema des Vibrations-Magnetometers nach Vorlage Lueken [Lue99, S. 65]

Der Zusammenhang zwischen der induzierten Spannung und der zeitlichen Änderung des magnetischen Flusses φ ist durch

$$U_{ind} = -nd\Phi/dt = -(d/dt)\int B\,da$$

gegeben, wobei n die Windungszahl der Spule und a den Querschnitt darstellt. Die Probe schwingt in diesem Fall parallel zum angelegten Magnetfeld mit einer festen Frequenz. In der Spule A wird die Spannung durch das oszillierende Magnetfeld der schwingenden Probe induziert. Die Spule B benutzt man für das Justieren der Probe. In den Spulen C und D wird eine zweite Spannung durch eine Referenz Probe (R) induziert. Diese zweite Spannung wird zur Kompensation verwendet. Die zeitliche Änderung der Induktionsspannung hängt von der Schwingungsfrequenz f, der Amplitude A, der Schwingung und dem magnetischen Moment Z der Probe ab:

$$U_{ind} \sim 2\pi f Z A sin(2\pi f t)$$

Das Probensignal wird auch stark von der Geometrie und der Windungszahl des Spulenpaares und der Probenposition im Pickupspulensystem beeinflusst. Eine sehr wichtige Rolle für die Messung spielt der verwendete Kleber, mit dem die Probe auf dem Probenträger befestigt wird. Aus Erfahrung zeigt Varnish während der Messung bei tiefen Temperaturen oft einen Anstieg der Magnetisierung. Um dem abzuhelfen, kann Varnish etwas mit Ethanol verdünnt werden. Gemäß der Empfehlung von Quantum Design kann für die Verdünnung Iso-Propanol und/oder Toluol genommen werden [VSM11]. Wenn Varnish älter wird und/

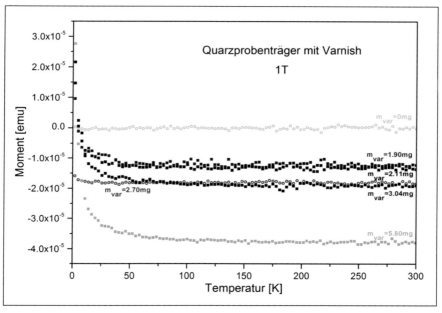

Abbildung 4.12:   Verlauf der Magnetisierung von Varnish als Funktion der Temperatur
für ein Magnetfeld von 1T

oder die Oxidationsprozesse voranschreiten, wird die Farbe dunkler. Nach dem
Verdünnen wird die Farbe wieder heller und sollte idealerweise der Farbe hellen
Honigs entsprechen. In Abbildung 4.12 sind unterschiedliche Aufnahmen von
Quarzprobenträger mit verschiedenen Mengen Varnish zu sehen.

Die obere Kurve (hellgraue Kreise) zeigt die Aufnahme vom leeren Quarzprobenträger, welche wie erwartet eine gerade Untergrundlinie bei etwa 0 emu
ergibt. Mit steigender Masse von Varnish steigt auch das magnetische Moment
bei tiefen Temperaturen. Die Kurve aus dunkelgrauen Kreisen mit der Masse
m = 2.7 mg zeigt die Aufnahme nach dem Verdünnen des Varnish mit Ethanol.
Man sieht, dass es zu fast keinem Anstieg des magnetischen Moments bei tiefen
Temperaturen kommt.

5 Ergebnisse der Züchtung für das Mischsystem $Cs_2CuCl_{4-x}Br_x$

5.1 Ergebnisse der Züchtung von Einkristallen aus wässriger Lösung und deren Charakterisierung

5.1.1 Randsysteme Cs_2CuCl_4 und Cs_2CuBr_4

Für das Cl Randsystem wurden Kupferchlorid bzw. Kupferchlorid-Dihydrat und Cäsiumchlorid gemäss der nachfolgendenGleichung verwendet:

$$CuCl_2 \cdot 2H_2O + 2CsCl \rightarrow Cs_2CuCl_4 + 2H_2O$$

Wie in der Literatur [Sob81] vorgeschlagen, wurde ein Überschuss von CsCl verwendet, um die gewünschte Phase zur erhalten. Somit werden CsCl und $CuCl_2 \cdot 2H_2O$ in einem molaren Verhältnis von 8:1, 6:1 und 5:1 angesetzt. In den hier beschriebenen Experimenten beträgt das molare Verhältnis von CsCl und $CuCl_2 \cdot 2H_2O$ 5:1.

Für das Br Randsystem wurde Kupferbromid und Cäsiumbromid verwendet. Das molare Verhältnis von CsBr und $CuBr_2$ beträgt 2 : 1:

$$CuBr_2 + 2CsBr \rightarrow Cs_2CuBr_4$$

Die Kristallisation erfolgte mit der Verdunstungsmethode aus wässriger Lösung bei drei unterschiedlichen Temperaturen, die mit unterschiedlichen Kristallisationszeiten einhergehen:

(i)   Zimmertemperatur: Kristallisation innerhalb von mindestens 3-4 Wochen
(ii)   50°C: Kristallisation innerhalb von mindestens 2-3 Wochen
(iii)   8°C: Kristallisation innerhalb von mindestens 6 Wochen

Um eine Vergleichbarkeit der Verdunstungsraten zu erzielen, wurden unterschiedliche Größen der Deckelöffnung der Kristallisationsschalen von 3 mm bis zu 1.5 cm Durchmesser verwendet. Die Kristallisation bei 50°C und bei 8°C erfolgte in einem Thermoschrank mit Temperaturregelung.

Um Kristallisationsprozesse aus der Lösung besser verstehen und steuern zu können, ist es von Vorteil, die Prozesse der Komplexbildung in der Lösung zu kennen.

Ein signifikantes Element der Komplexbildung in wässriger Lösung ist die Anordnung der Wassermoleküle um ein Zentralion (Prozess der Solvatisierung) mit dem gleichzeitigen Aufbau von chemischen Bindungen in der näheren Umgebung des Zentralions, nämlich ionische, ionisch-kovalente und kovalente Bindungen. Die Wechselwirkungen zwischen den Komponenten in der Lösung können unterschiedlichen Charakter haben.

Die wichtigsten Wechselwirkungen, die den größten Einfluss auf den Aufbau von komplexen Verbindungen in der Lösung haben, können in drei Gruppen aufgeteilt werden. Die *Erste* ist die Wechselwirkung Ion-Ion. Die *Zweite* beschreibt die Wechselwirkung Ion-Lösungsmittel. Diese ist bei der Bildung von Aquakomplexen wichtig und wird Hauptwechselwirkung genannt. Zu der *dritten Gruppe* gehören die Wechselwirkungen von Lösungsmittel zu Lösungsmittel, die eine Rolle bei der Anordnung der Moleküle in der Lösung spielen. [Kos67, S.13]

Wenn man Kupferchlorid-Dihydrat zu der gesättigten Lösung von Cäsiumchlorid zugibt, ändert sich die Farbe der Lösung von hell-gelb zu grün. Dies geschieht in Folge der Bildung einer Reihe von Komplexen in der Lösung mit einer unterschiedlichen Anzahl von Wassermolekülen und/oder Chlorionen in der inneren Koordinationssphäre des Cu^{2+} Ions.

Aufgrund von chemischen Prozessen bei der Reorganisation der Aquakomplexe kommt es zu einer Variation der Farbe der Lösung. Beispielsweise führt eine Verringerung der Anzahl der Aquakomplexe zu einer Umwandlung der Farbe der Lösung. Daraus folgt eine Modifikation der Zusammensetzung und der Struktur der Lösung. Zudem kommt es infolge dieser Änderung auch zu einer Veränderung des pH-Wertes der Lösung. Beispielsweise kann man infolge der Bildung von Aquachlorokomplexen mit einem höheren Wasser-Anteil nach dem Kristallisationsprozess eine Abschwächung der Farbe der Lösung beobachten. Gleichzeitig erfolgt auch eine Veränderung des pH-Wertes. Somit kann man sagen, dass Aquachlorokomplexe des Kupfers Lieferanten von Komplexen mit bestimmter Zusammensetzung sind, die für wachsende Kristalle als Strukturbasis dienen. Deshalb muss ein Überschuss von Cäsiumchlorid oder Kupferchlorid-Dihydrat in den Kristallisationslösungen vorhanden sein, um die Richtung der Komplexbildung zu beeinflussen. Ähnliche Prozesse der Komplexbildung in den Kristallisationslösungen sind nicht nur für wässrige Lösungen typisch, sondern zum Beispiel auch für gemischte und organische Lösungen.

Kristallisationslösungen des Cl Randsystems haben eine grüne Farbe, welche für die Aquachlorokomplexe charakteristisch ist. Die Lösungen des Br Randsystems sind schwarz. In den Kristallisationslösungen befinden sich solvatisierende Komplexe, die bereits der Struktur der wachsenden Kristalle ähnlich sind.

Das Wachstum des Kristalls mit einer bestimmten chemischen Zusammensetzung erfolgt auf der Oberfläche des Kristalls durch eine Anlagerung der Bausteine aus der näheren Umgebung. Dabei kommt es zu einer Desolvatation, die mit einer chemischen Reaktion und der Bildung der Verbindung einhergeht. In Abbildung 5.1 wird dies verdeutlicht:

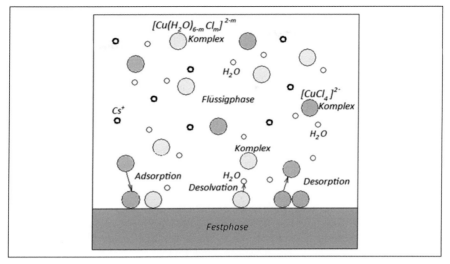

Abbildung 5.1: Anlagerung von Teilchen an der Oberfläche eines Festkörpers (Festphase)

Die Komplexe in der Lösung des Cl Randsystems können unterschiedliche Zusammensetzungen haben:

$$[Cu(H_2O)_{6-m}Cl_m]^{2-m} + [CuCl_4]^{2-}$$

Durch Adsorption erfolgt die Anlagerung der Komplexe, der Ionen und der
Moleküle aus der Flüssigphase an der Oberfläche des Festkörpers. Die Desorpti-
on stellt den Umkehrprozess der Adsorption dar. Die Reorganisation des Aqua-
chlorokomplexes durch die Desolvation führt zu einem Aufbau von $[CuCl_4]^{2-}$-
Komplexen, die für das Wachstum des Kristalls benötigt werden. Gleichzeitig
entstehen in der Lösung Komplexe, die mehr Aqua-Anteile und weniger Cl-An-
teile haben. Alle beschriebenen Prozesse sind temperaturabhängig.

Die Erhöhung der Temperatur führt zu einer geringeren Ordnung der Lösung und zu einer Reduzierung der Stabilität der Aquakomplexe. Durch Zugabe
von Cs^+ oder Cl^--Ionen in die Lösung wird die bestehende Ordnung in der Lösung auch teilweise aufgebrochen. Mit einer Veränderung der Temperatur verändert sich die Wachstumsgeschwindigkeit der Kristalle [Sob09, S.49].

Die Farbe der gezüchteten Kristalle ist unterschiedlich. Der Kristall
Cs_2CuCl_4 ist orange und das Cu^{2+} Ion hat die Koordinationszahl vier, der Komplex $[CuCl_4]^{2-}$ besitzt eine tetraedrische Struktur. Der Kristall $Cs_2CuCl_4 \cdot 2H_2O$
ist hellblau. Hier hat das Cu^{2+} Ion die Koordinationszahl sechs. Die innere Koordinationssphäre des Komplexes $[Cu(H_2O)Cl_4]^{2-}$ stellt ein verzerrtes Oktaeder dar.

Die Tracht der Kristalle kann sehr vielfältig sein. Dies wird deutlich, wenn man die große Anzahl der Faktoren in Betracht zieht, die das Wachstum der Kristalle beeinflusst. Die Faktoren können dann Additive, Temperatur der Kristallisation, Übersättigung der Lösung, Art des Lösungsmittels, Bewegung der Lösung, insbesondere in der Wachstumsgrenze des wachsenden Kristalls, unterschiedliche Orientierung des wachsenden Kristalls in dem Gefäß und Tracht des Impfkristalls sein [Mat69, S.69].

Bei einer Züchtungstemperatur von 50°C und einer Züchtungsdauer von 3-4 Wochen sind die Kristalle in Stäbchenform gewachsen. Die Wachstumsrichtung ist in diesem Fall entlang der b-Achse. Ein typisches Beispiel ist in der nachfolgenden Abbildung 5.2 dargestellt. Dieses Kristall ist 11.5 mm lang und 3 mm breit. In Abbildung 5.2 erkennt man unterschiedlichen Flächen des Kristalls, die mit Laue-Aufnahmen indiziert wurden. Die Flächen {-1-11} und {111} haben die gleiche Form und einen unterschiedlichen Habitus.

Der Habitus dieser Phase ändert sich, wenn die Verdunstungsrate niedrig wird (siehe Abbildung 5.3). Diese wird durch die Größe der Perforation des Deckels reguliert. Zum Beispiel wurde eine kleine Verdunstungsrate für die Züchtung bei 50°C angewendet. Sie betrug 8.47 mg/Stunde. In diesem Beispiel dauerte die Züchtung ca. 15 Monate. Durch die Indizierung der Flächen können die unterschiedlich schnell wachsenden Flächen bestimmt werden. Die Indizierung geschieht mit Hilfe der Laue-Aufnahmen und deren Simulation mit dem Programm OrientExpress [Ori05].

Der Vergleich der Kristalle von Abbildung 5.2 und Abbildung 5.3 liefert die gleiche Form, aber einen unterschiedlichen Habitus (Größenverhältnis der verschiedenen Flächenarten), wobei bei der Züchtung nur die Verdunstungsrate verändert wurde. Der nächste Vergleich (Abbildung 5.4) von Form und Habitus der Flächen der Kristalle, die bei einer Temperatur von 24°C unter Anwendung unterschiedlicher Verdunstungsraten gezüchtet wurden, zeigt, dass die Formen der im Wachstum involvierten Flächen gleich sind, aber einen unterschiedlichen Habitus haben.

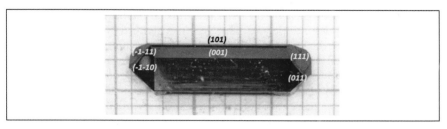

Abbildung 5.2: Cs_2CuCl_4 (Züchtungstemperatur 50°C, Züchtungsdauer 3-4 Wochen, Verdunstungsrate 28.55mg/Stunde

Abbildung 5.3: Cs$_2$CuCl$_4$ (Züchtungstemperatur 50°C, Züchtungsdauer 15 Monate)

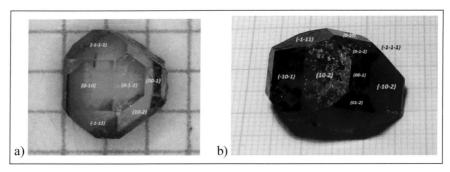

Abbildung 5.4: Cs$_2$CuCl$_4$ - Züchtungstemperatur 24°C: a) Züchtungsdauer 4 Wochen, Verdunstungsrate 24.35 mg/Stunde, b) Züchtungsdauer 9 Monate, Verdunstungsrate 9.74 mg/Stunde

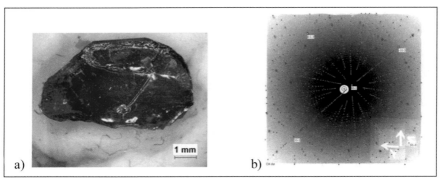

Abbildung 5.5: a) Spaltfläche der Cs$_2$CuCl$_4$-Probe, b) Laueaufnahme und Bestimmung der (0, 0, 1) Fläche

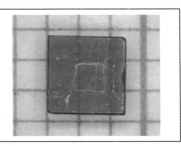

Abbildung 5.6:   Cs$_3$Cu$_3$Cl$_8$OH
(Züchtungstemperatur 24°C)

Abbildung 5.7:   Cs2CuCl4
(Züchtungstemperatur 8°C)

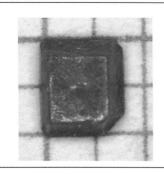

Abbildung 5.8: Cs$_2$CuCl$_4$
(Züchtungstemperatur 8°C): bei Zimmertemperatur nach dem Phasenübergang

Abbildung 5.9: Cs$_2$CuCl$_4$ Kristall
(Züchtungstemperatur 8°C), der unmittelbar nach der Züchtung auf 80 K abge-
kült wurde

In Abbildung 5.4 sind benachbarte Formen bei zwei Kristallen eingetragen.
Die Menge dieser Formen zeigt, dass diese beiden Kristalle die gleiche Tracht
besitzen.

In der Spaltbarkeit spiegelt sich die Tendenz von Kristallen, entlang einer
Fläche zu brechen, wider. Die Kristalle von Cs$_2$CuCl$_4$ lassen sich entlang der
(0, 0, 1) Fläche gut spalten.

In der Abbildung 5.5 a) ist eine solche Spaltfläche zu sehen. Mit Hilfe der
Laue-Aufnahme konnte die Spaltfläche als (0, 0, 1) Fläche identifiziert werden
(siehe Abbildung 5.5.b)).

Bei einer Züchtungstemperatur von 24°C erfolgt die Kristallisation von
zwei Phasen des Cl Randsystems bei einem molaren Verhältniss von 5:1 bei
CsCl und CuCl$_2$·2H$_2$O. Neben Cs$_2$CuCl$_4$ fällt eine neue Phase Cs$_3$Cu$_3$Cl$_8$OH aus.

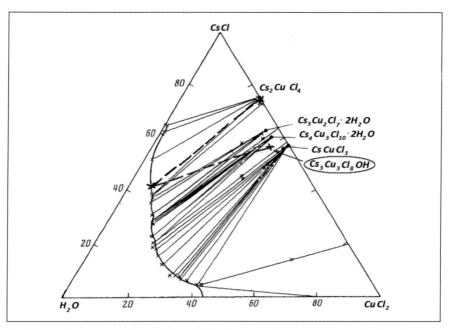

Abbildung 5.10: Neue Phase Cs3Cu3Cl8OH in dem Phasendiagramm CsCl-CuCl$_2$-H$_2$O
bei 25°C [Sob81]

Diese Phase wurde auch bei einer Züchtungstemperatur von 50°C beobachtet. Diese Beobachtung zeigt, dass die neue Phase zuerst ausfällt und die Kristallausbeute dieser neuen Phase pro Versuch nur sehr gering ist. Die Kristalle dieser Phase sind dunkelrot und haben für diese Phase typisch ausgewachsene Flächen. Der in Abbildung 5.6 gezeigte Kristall ist 2.8 mm lang und 1.25 mm breit. Diese Phase wurde noch nicht in der Literatur beschrieben.

Die Anordnung dieser neuen Phase im Phasendiagramm ist in Abbildung 5.10 gezeigt. Sie liegt außerhalb der Ebene, in der sich Cs$_2$CuCl$_4$ bildet. Aus der Literatur ist bekannt, dass der pH-Wert ein wichtiger Parameter für die Züchtung von Kristallen ist. Bevor sich Cs$_2$CuCl$_4$ bildet, erreicht der pH-Wert in der Lösung 2.83. Der pH-Wert der Startlösung liegt dementsprechend höher. Wie bereits beschrieben, fallen zuerst die Kristalle der neuen Phase in kleinen Mengen aus. Grund dafür ist vermutlich die Regulierung des Übersättigungsgrades und des pH-Wertes der Lösung, die für die Bildung der Cs$_2$CuCl$_4$-Phase notwendig sind. Bei der Bildung der neuen Phase ist eine OH-Gruppe in der Struktur eingebaut. Damit erhöht sich der HCl-Anteil der Lösung und der pH-Wert der Lösung sinkt entsprechend.

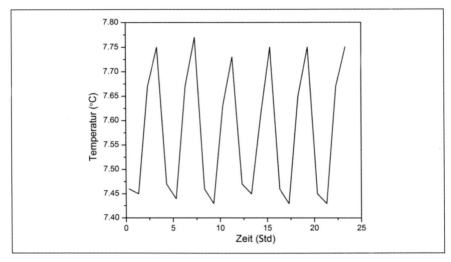

Abbildung 5.11: Temperaturverlauf im Thermoschrank für 24 Stunden

Auch bei einer Züchtungstemperatur von 8°C beobachtet man neben der Kristallisation der Phase Cs_2CuCl_4 die Bildung der Verbindung $Cs_3Cu_3Cl_8OH$.

Abbildung 5.7 zeigt einen Kristall, der bei einer Temperatur von 8°C gezüchtet wurde. Gemäß EDX-Analyse hat dieser Kristall die Zusammensetzung Cs_2CuCl_4. Zum ersten Mal wurde in diesem Randsystem Polymorphismus beobachtet. Das heißt, die kristallisierten Proben haben die gleiche Zusammensetzung, aber unterschiedliche Strukturen. Aus der Literatur ist bekannt, dass sich die wasserhaltige Phase ($Cs_2CuCl_4 \cdot 2H_2O$) schon bei 18°C bildet [Sob81]. Allerding sind die hier vorgestellten Kristalle wasserfrei. Der Kristall ist durchsichtig, hat die Farbe orange und weist eine quadratische Fläche auf. Der in Abbildung 5.7 gezeigte Kristall bildete sich innerhalb von mindestens 6 bis 8 Wochen.

In der Abbildung 5.11 ist der Temperaturverlauf im Thermoschrank über einen Zeitraum von 24 Stunden gezeigt. Mit dem gleichen Zeitprofil wurden Züchtungsversuche in 2°C Schritten von 8°C bis auf eine Temperatur von 2°C durchgeführt, mit dem Ergebnis, dass sich ebenfalls wasserfreie Kristalle mit der Zusammensetzung Cs_2CuCl_4 bilden.

Aus der Abbildung 5.11 ist zu sehen, dass die Temperaturschwankungen mit 0.3°C sehr klein sind, was sich für das Wachstum der Kristalle als sehr förderlich erweist.

Die bei 8°C gezüchteten Cs_2CuCl_4 Kristalle sind bei Zimmertemperatur nicht stabil und verändern sich. Der in Abbildung 5.8 (S. 56) gezeigte Kristall wurde nach dem Phasenübergang, der nicht reversibel ist, aufgenommen.

Wenn man einen bei 8°C gezüchteten Cs_2CuCl_4 Kristall vor dem Phasen-übergang einem schnellen Abkühlen bis auf ca. 80 K (Temperatur des flüssigen Stickstoffs) unterzieht, sieht man, dass der Kristall klar bleibt und sich die Farbe auf hellgelb ändert (Abbildung 5.9). Diese Veränderung der Farbe ist bei diesem Vorgang reversibel. Das heißt, dass der Kristall nach der Behandlung mit Stick-stoff wieder orange wird. Eine Farbveränderung wurde bereits bei der or-thorhombischen Zusammensetzung von Cs_2CuCl_4, zum Beispiel bei den Versu-chen unter Druck [Xu00] festgestellt.

Zum Vergleich ist in Abbildung 5.12 eine wasserhaltige Phase zu sehen, die bei 16°C mit der Verdunstungsmethode gezüchtet wurde. Die Kristalle sind bei Zimmertemperatur nicht stabil und verändern sich schnell. Die Farbe ändert sich von hellblau zu grün, wonach der Kristall dann auch nicht mehr transparent ist. Diese Umwandlung ist nicht reversibel.

Je nach Existenzbereich der jeweiligen Phase in der Lösung und unter Be-rücksichtigung der Stabilitätsbedingungen erhält man auch die wasserhaltige Phase $Cs_2CuCl_4\cdot2H_2O$, indem man die Lösung, kurz bevor die Kristalle der was-serfreien neuen Phase ausfallen (vgl. Abbildung 5.7, S. 57), in einen anderen Temperaturbereich bringt. Wenn man das Gefäß mit der Lösung aus dem Ther-moschrank (bei 8°C) herausnimmt und kurze Zeit bei Zimmertemperatur stehen lässt, sieht man, dass die wasserhaltige Phase ausfällt und sich kleine blaue Kris-talle bilden. Im Übergangspunkt ist die Löslichkeit von beiden Phasen gleich. Allerdings hat die stabile Phase bei einer anderen Temperatur eine unterschiedli-che Löslichkeit gegenüber der der metastabilen Phase. Deshalb ist eine Lösung, wenn sie mit einer metastabilen Phase gesättigt wird, gegenüber der stabilen Phase übersättigt, weshalb die stabile Phase auch ausfällt. Dieser Zusammenhang erklärt, warum die wasserhaltige $Cs_2CuCl_4\cdot2H_2O$ Phase innerhalb eines kurzen Zeitraumes ausfällt, wenn man das Gefäß mit der Lösung aus dem Thermo-schrank herausnimmt und der Zimmertemperatur aussetzt.

Kristalle des Br Randsystems (Cs_2CuBr_4), die bei verschiedenen Tempera-turen und mit Hilfe der Verdunstungsmethode gezüchtet wurden, erscheinen schwarz und nicht transparent. Die bei 8°C gezüchteten Kristalle unterscheiden sich etwas von denen, die bei höheren Temperaturen (bei 24°C und bei 50°C) gezüchtet wurden, im Habitus. Abbildung 5.13 zeigt drei Kristalle des Br Rand-systems.

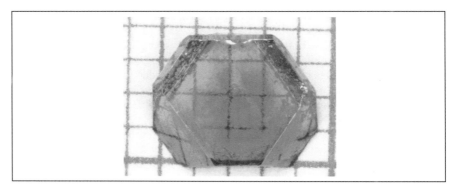

Abbildung 5.12: $Cs_2CuCl_4\ 2H_2O$ (Züchtungstemperatur 16°C)

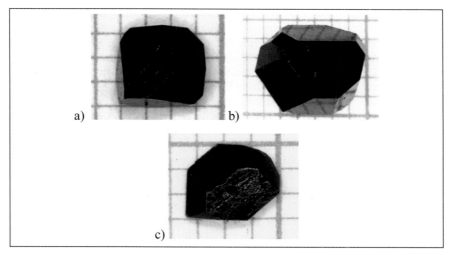

Abbildung 5.13: Cs_2CuBr_4 - Züchtungstemperatur a) 50°C, b) 24°C und c) 8°C

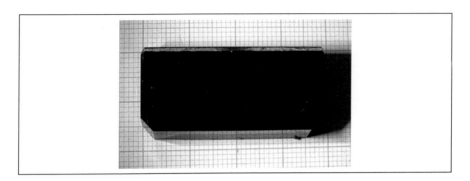

Abbildung 5.14: $Cs_2CuCl_{3.2}Br_{0.8}$ (Züchtungstemperatur 24°C, Züchtungsdauer 9 Monate)

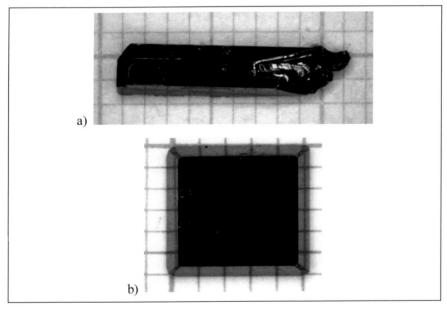

Abbildung 5.15: $Cs_2CuCl_{2.4}Br_{1.6}$ – Züchtungstemperatur: a) 50°C und b) 24°C

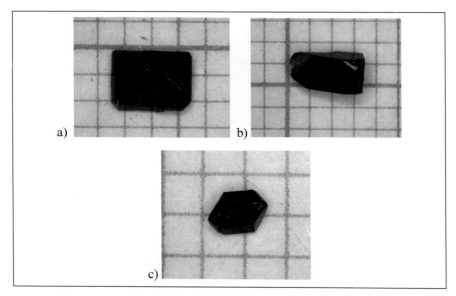

Abbildung 5.16:   Einkristalle   (Züchtungstemperatur   8°C):   a) $Cs_2CuCl_{3.2}Br_{0.8}$, b) $Cs_3Cu_2Cl_{6.6}Br_{0.4} \cdot 2H_2O$? und c) $Cs_3Cu_3Cl_{7.3}Br_{0.7}OH$

Bei der Züchtung des Br Randsystems wurde keine wasserhaltige Phase beobachtet. Der Kristall Cs_2CuBr_4 ist schwarz, das Cu^{2+} Ion hat die Koordinationszahl vier und den Ionenkomplex $[CuCl_4]^{2-}$ einer tetraederischen Struktur, wie auch bei Cs_2CuCl_4.

5.1.2   Mischsystem $Cs_2CuCl_{4-x}Br_x$

Das Mischsystem kann man in zwei Bereiche aufteilen, die aus jeweils drei Salzen gemischt werden können. Dabei ist x der Gehalt von Brom. Für den Dotierungsbereich $0 \leq x \leq 2$ ergeben sich folgende einfach zu realisierende Möglichkeiten:

$$CuCl_2 \cdot 2H_2O + (2-x) \cdot CsCl + x \cdot CsBr \rightarrow Cs_2CuCl_{4-x}Br_x + 2H_2O$$

oder

$$(1-0.5x) \cdot CuCl_2 \cdot 2H_2O + 2CsCl + 0.5x \cdot CuBr_2 \rightarrow Cs_2CuCl_{4-x}Br_x + (1-0.5x) \cdot 2H_2O$$

wobei x der gewünschte Gehalt von Brom im Mischkristall ist. Die Cu-Zugabe erfolgt über $CuCl_2$.

Für $2 \leq x \leq 4$ ergeben sich folgende Synthesemöglichkeiten:

$$CuBr_2 + (4-x) \cdot CsCl + (x-2) \cdot CsBr \rightarrow Cs_2CuCl_{4-x}Br_x$$

oder

$$(0.5x-1) \cdot CuBr_2 + (2-0.5x) \cdot CuCl_2 \cdot 2H_2O + 2CsBr \rightarrow$$
$$Cs_2CuCl_{4-x}Br_x + (2-0.5x) \cdot 2H_2O$$

Die Cu-Zugabe erfolgt hier für diesen Bereich über $CuBr_2$.

In Abbildung 5.14 (S. 60) ist ein Kristall aus dem ersten Bereich mit einer Br Konzentration $x = 0.8$ zu sehen, der bei 24°C mit einer kleinen Verdunstungsrate, die 8.41 mg/Stunde betrug, gezüchtet wurde. Die Züchtungsdauer des Kristalls in Abbildung 5.14 betrug 9 Monate. Man sieht die sehr gut ausgewachsenen Flächen. Die längste Wachstumsrichtung ist entlang der b-Achse.

Das Mischsystem bietet eine große Auswahl an Kristallen mit unterschiedlichen Br Konzentrationen. Es gibt einen Bereich mit einer Br Konzentration $1 \leq x \leq 2$, in dem eine polymorphe Kristallbildung stattfindet (gleiche chemische Zusammensetzung und unterschiedliche Struktur). Für die Kristallisation in eine bestimmte Struktur ist die Züchtungstemperatur entscheidend. Auch hier wurde die Züchtung bei verschiedenen Temperaturen (8°C, 24°C und 50°C) durchgeführt. Abbildung 5.15 a) (S. 61) zeigt einen Kristall nach der Züchtung bei 50°C. Die Kristalle wachsen, wie oben im Falle des Cl Randsystems (siehe Abbildung 5.2, S. 55) gezeigt wurde, in Stäbchenform. Die längste Wachstumsrichtung ist ebenfalls entlang der b-Achse. Der in Abbildung 5.15 a) abgebildete Kristall ist 10 mm lang und 2 mm breit. Die Abbildung 5.15 b) zeigt einen Kristall nach der Züchtung bei 24°C. Der Kristall bildet eine fast quadratische Grundfläche aus und wächst dann weiter in Form einer abgeschnittenen Pyramide.

Auch die Züchtung bei 8°C wurde für die ausgewählten Zusammensetzungen des Mischsystems durchgeführt. Die Züchtung dauerte 3 bis 4 Monate unter Anwendung der Verdunstungsmethode.

Abbildung 5.16 (S.61) zeigt drei verschiedene Beispiele von Kristallen, die bei 8°C gezüchtet wurden. Da das Cl Randsystem sehr reich an vielen verschiedenen Phasen ist, beispielsweise $Cs_3Cu_2Cl_7$ $2H_2O$ und $CsCuCl_3$ [Vas76], wurde angenommen, dass auch die im Experiment ausgefallenen Kristalle einer der obengenannten Phasen, allerdings mit Br dotiert, zuzuordnen sind. Nach den Untersuchungen, auf die später noch detailliert eingegangen wird, stellte sich heraus, dass einige Zusammensetzungen neu sind und bisher noch nicht in der Literatur beschrieben wurden.

Der Kristall, der in der Abbildung 5.16 a) zu sehen ist, wächst vorwiegend plättchenförmig und bildet eine fast quadratische Grundfläche aus. Er sieht dunkelbraun aus, ist aber in dünnen Schichten dunkelrot. In der Abbildung 5.16 b) sieht man einen zweiten Kristall, der eine andere Zusammensetzung hat

($Cs_3Cu_2Cl_{6.6}Br_{0.4} \cdot 2H_2O$?), welche bisher noch nicht in Bezug auf das Kristall-wasser abschließend geklärt wurde. Es wird angenommen, dass es sich bei dieser Zusammensetzung um eine mit Br-dotierte bekannte Phase des Cl Randsystems ($Cs_3Cu_2Cl_7 \cdot 2H_2O$) handelt. Dieser Kristall hat eine braune und in dünnen Schichten eine dunkel-gelbe bis orangene Farbe. In der Abbildung 5.16 c) ist ein Kristall mit der Zusammensetzung $Cs_3Cu_3Cl_{7.3}Br_{0.7}OH$ zu sehen. Dieser ist eine mit Br-dotierte neue Phase von $Cs_3Cu_3Cl_8OH$, welche dunkelrot ist. Die Kristalle ($Cs_3Cu_3Cl_{7.3}Br_{0.7}OH$) sehen dunkelbraun aus. In dünnen Schichten haben diese Kristalle einen roten Farbton.

5.2 Charakterisierung der Ergebnisse aus wässriger Lösung

5.2.1   EDX-Untersuchungen verschiedener Phasen

Das Ziel der am Rasterelektronenmikroskop mit Hilfe der EDX-Analyse durch-geführten Untersuchung ist, eine genaue Zusammensetzung der Mischkristalle zu bestimmen, um die unterschiedlichen Phasen genau beschreiben zu können.
Züchtungstemperatur 50°C

Die Ergebnisse der EDX-Untersuchungen der Kristalle der orthorhombi-schen Phase sind in der Tabelle 5.1 für die ausgewählten Zusammensetzungen dargestellt, wobei die Messdaten in Formeleinheiten umgerechnet wurden.

Die Zählergebnisse der einzelnen Elemente in at% wurden für das Umrech-nen in Formeleinheiten auf Cs normiert. Unter Berücksichtigung der bereits erwähnten Messfehlergrenze von 2 at% zeigt sich dabei bei fast allen Proben ein nur sehr kleines Defizit von Cu. Der Cl- und Br-Index ist auf einen Nominalwert von 4 normiert.

Die EDX-Untersuchungen der Kristalle der orthorhombische Phase zeigen, dass die Zusammensetzung der gezüchteten Kristalle mit der Zusammensetzung der Einwaage innerhalb der Messfehlergrenze übereinstimmt.

Im Weiteren werden die Ergebnisse der EDX-Untersuchungen für die tetra-gonale Phase (Züchtungstemperatur 24°C) dargestellt.

Tabelle 5.1: Ergebnisse der EDX-Untersuchung der orthorhombischen Phase (Kristallzüchtung bei 50°C)

Zusammensetzung der Einwaage	Zusammensetzung nach der EDX - Analyse
$Cs_2CuCl_{3.6}Br_{0.4}$	$Cs_2Cu_{0.95}Cl_{3.52}Br_{0.38}$ $Cs_2Cu_{0.96}Cl_{3.78}Br_{0.32}$
$Cs_2CuCl_{3.2}Br_{0.8}$	$Cs_2Cu_{0.99}Cl_{3.22}Br_{0.78}$ $Cs_2Cu_1Cl_{3.19}Br_{0.81}$
$Cs_2CuCl_3Br_{1.0}$	$Cs_2Cu_{0.98}Cl_{2.89}Br_{1.11}$ $Cs_2Cu_{0.99}Cl_{2.95}Br_{1.04}$
$Cs_2CuCl_{2.8}Br_{1.2}$	$Cs_2Cu_{0.97}Cl_{2.75}Br_{1.25}$ $Cs_2Cu_{0.96}Cl_{2.78}Br_{1.22}$
$Cs_2CuCl_{2.6}Br_{1.4}$	$Cs_2Cu_{0.97}Cl_{2.64}Br_{1.36}$ $Cs_2Cu_{0.98}Cl_{2.62}Br_{1.38}$
$Cs_2CuCl_{2.4}Br_{1.6}$	$Cs_2Cu_{0.97}Cl_{2.47}Br_{1.53}$ $Cs_2Cu_{0.96}Cl_{2.42}Br_{1.58}$
$Cs_2CuCl_{2.2}Br_{1.8}$	$Cs_2Cu_{0.96}Cl_{2.16}Br_{1.84}$ $Cs_2Cu_{1.01}Cl_{2.17}Br_{1.83}$
$Cs_2CuCl_2Br_2$	$Cs_2Cu_{0.95}Cl_{2.09}Br_{1.91}$ $Cs_2Cu_{0.96}Cl_{2.01}Br_{1.99}$
$Cs_2CuCl_{1.6}Br_{2.4}$	$Cs_2Cu_{0.94}Cl_{1.55}Br_{2.45}$ $Cs_2Cu_{0.97}Cl_{1.52}Br_{2.48}$
$Cs_2CuCl_1Br_3$	$Cs_2Cu_{0.98}Cl_{1.08}Br_{2.92}$ $Cs_2Cu_{0.94}Cl_{1.01}Br_{2.99}$
$Cs_2CuCl_{0.6}Br_{3.4}$	$Cs_2Cu_{0.99}Cl_{0.57}Br_{3.43}$ $Cs_2Cu_{0.96}Cl_{0.51}Br_{3.49}$

Züchtungstemperatur 24°C

In Tabelle 5.2 sind einige der in die Formeleinheit umgerechneten Ergebnisse der EDX-Analyse für die tetragonale Phase zusammengestellt.

Die Analyse zeigt, dass die Zusammensetzung der Kristalle mit der Einwaage im Rahmen der Fehlergrenze übereinstimmt.

Im Folgenden werden die Ergebnisse der EDX-Untersuchungen an den bei 8°C gezüchteten Kristallen des Mischsystems vorgestellt.

Tabelle 5.2: EDX – Untersuchung der tetragonalen Phase (Kristallzüchtung bei 24°C)

Zusammensetzung der Einwaage	Zusammensetzung nach der EDX - Analyse
$Cs_2CuCl_{2.9}Br_{1.1}$	$Cs_2Cu_{0.97}Cl_{2.88}Br_{1.12}$ $Cs_2Cu_{0.99}Cl_{2.94}Br_{1.06}$
$Cs_2CuCl_{2.8}Br_{1.2}$	$Cs_2Cu_{0.97}Cl_{2.77}Br_{1.23}$ $Cs_2Cu_{0.95}Cl_{2.79}Br_{1.21}$
$Cs_2CuCl_{2.6}Br_{1.4}$	$Cs_2Cu_{0.97}Cl_{2.65}Br_{1.35}$ $Cs_2Cu_{0.96}Cl_{2.63}Br_{1.37}$
$Cs_2CuCl_{2.5}Br_{1.5}$	$Cs_2Cu_{0.97}Cl_{2.54}Br_{1.46}$ $Cs_2Cu_{0.96}Cl_{2.52}Br_{1.48}$
$Cs_2CuCl_{2.3}Br_{1.7}$	$Cs_2Cu_{0.97}Cl_{2.36}Br_{1.64}$ $Cs_2Cu_{1.01}Cl_{2.31}Br_{1.69}$
$Cs_2CuCl_{2.1}Br_{1.9}$	$Cs_2Cu_{0.95}Cl_{2.17}Br_{1.83}$ $Cs_2Cu_{0.95}Cl_{2.16}Br_{1.84}$

Züchtungstemperatur 8°C

Für den Br Konzentrationsbereich $0.4 \leq x \leq 1.8$ des $Cs_2CuCl_{4-x}Br_x$ Mischsystems wurden Lösungen in kleinen Schritten von $\Delta x = 0.2$ gemischt und auskristalli- siert. Da die im Folgenden vorgestellten Phasen unterschiedlich sind, wird der Cl - und Br - Index auf den Wert der jeweiligen Phase normiert. In Anlage 5.1 sind auszugsweise Messergebnisse der EDX-Untersuchung der Kristallzüchtung bei 8°C zusammengestellt.

Die Ergebnisse zeigen, dass die Zusammensetzung der gezüchteten Kristal- le nicht immer mit der Zusammensetzung der Einwaage bei dieser Züchtungs- temperatur übereinstimmt. Insbesondere weichen die Ergebnisse beim ersten und letzten Experiment von der Einwaage ab. Hingegen stimmen im mittleren Kon- zentrationsbereich die Ergebnisse mit der Einwaage der Kristallzusammenset- zung gut überein. Außerdem kann man feststellen, dass in drei Experimenten nicht nur eine, sondern zwei Phasen kristallisieren. Die Reihenfolge der ausge- fallenen Phasen konnte bei diesen Experimenten nicht ermittelt werden. Es konn- te festgestellt werden, dass der kleinste Wert des Br - Einbaus für die tetragonale Phase $x = 0.8$ vorliegt. Einer der gezüchteten Kristalle hat die Zusammensetzung $Cs_3Cu_2Cl_{6.6}Br_{0.4}$ H_2O-?, die vermutlich eine Dotierung der schon bekannten Phase des Cl Randsystems $Cs_3Cu_2Cl_7 \cdot 2H_2O$ ist [Vog71]. Dies wird derzeit noch geklärt. Der andere der gezüchteten Kristalle mit der Zusammensetzung $Cs_3Cu_3Cl_{7.3}Br_{0.7}OH$, wie auch $Cs_3Cu_3Cl_7Br_1OH$, stellen eine Dotierung der neu gefundenen Phase des Cl Randsystem $Cs_3Cu_3Cl_8OH$ dar. Auf die strukturelle Beschreibung der vorgenannten Phasen wird im folgenden Kapitel eingegangen.

Diese Untersuchungen zeigen, dass es im Br Konzentrationsbereich von $0.4 \leq x \leq 1.8$ des $Cs_2CuCl_{4-x}Br_x$ Mischsystems bei einer Züchtungstemperatur von 8°C viele Phasen gibt. Außer der tetragonalen Phase konnten neue, mit Br dotierte Phasen, die bisher in der Literatur noch nicht beschrieben wurden, identifiziert werden.

5.2.2   Röntgenpulverdiffraktometrie-Untersuchung

In diesem Kapitel werden die Ergebnisse der Röntgenpulverdiffraktometrie-Untersuchungen der Mischkristalle dargestellt. In Abbildung 5.17 ist für die Mischkristallreihe (Züchtungstemperatur 24°C) die Entwicklung der Diffraktogramme mit steigender Br Konzentration gezeigt. Es gibt charakteristische Veränderungen mit steigendem Br Gehalt. Im Konzentrationsbereich von $1 \leq x \leq 2$ bildet sich eine tetragonale Phase (I4/mmm) [Sch08].

Wenn aber die Züchtungstemperatur 50°C beträgt, dann unterbleibt die Bildung der tetragonalen Phase und die ganze Mischkristallreihe kann in der orthorhombischen Phase gezüchtet werden. In Abbildung 5.18 werden für diese Mischkristallreihe (Züchtungstemperatur 50°C) die Diffraktogramme mit steigendem Br Gehalt gezeigt. Im gesamten Konzentrationsbereich liegt die orthorhombische Struktur Pnma vor.

Aus den Diffraktogrammen kann man die Gitterkonstanten und das Volumen der Elementarzelle bestimmen. Im Jahr 1921 postulierte L. Vegard den linearen Zusammenhang zwischen dem Volumen der Elementarzelle und der Dotierung eines Mischkristalls mit Atomen verschiedener Größe [Veg21]. Ausgehend von den Cl und Br Randsystemen ändern sich die Volumina der Elementarzellen von 920 Å^3 bis 1040 Å^3.

In Abbildung 5.19 sind die durch Verfeinerung erhaltenen Strukturinformationen für alle untersuchten Konzentrationen zusammengestellt. Man sieht, dass das berechnete Elementarzellvolumen in guter Näherung auf einer Geraden liegt und näherungsweise das Vegard's Gesetz erfüllt. Bei genauerem „Hinsehen" gibt es nur sehr kleine Abweichungen von der Geraden. Bei einer Züchtungstemperatur von 24°C gibt es ein „Fenster", in dem das Volumen der Einheitszelle der tetragonalen Struktur einen niedrigeren Wert aufweist. Dennoch liegen die Werte des Volumens der Einheitszelle in diesem „Fenster" auf einer Geraden und erfüllen dementsprechend ebenfalls das Vegard's Gesetz. Die an das „Fenster" angrenzenden Konzentrationsbereiche zeigen das Volumen der Einheitszelle der orthorhombischen Struktur.

Das in Abbildung 5.19 dargestellte Elementarzellvolumen ist auf die Anzahl der Atome in der jeweiligen Elementarzelle normiert, um die Vergleichbarkeit unterschiedlicher Strukturtypen zu ermöglichen.

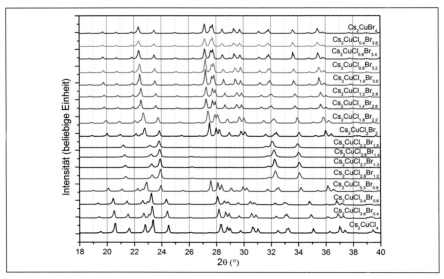

Abbildung 5.17: Pulverdiffraktometrie für $Cs_2CuCl_{4-x}Br_x$ (Züchtungstemperatur 24°C). Die orthorhombische Phase (Pnma) wird durch die tetragonale Phase (I4/mmm) im Bereich von $1 \leq x \leq 2$ unterbrochen

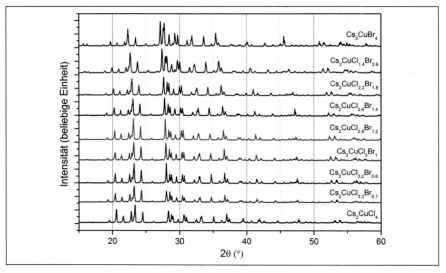

Abbildung 5.18: Pulverdiffraktometrie für $Cs_2CuCl_{4-x}Br_x$ (Züchtungstemperatur 50°C). Im gesamten Konzentrationsbereich liegt die orthorhombische Phase vor

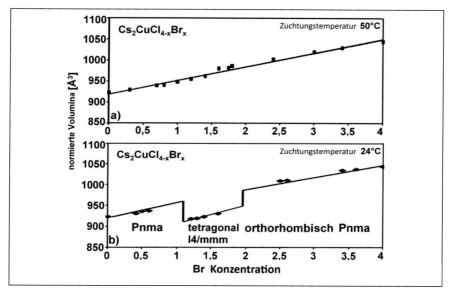

Abbildung 5.19: Normierte Elementarzellvolumina in Abhängigkeit des Br Gehalts:
a) Züchtungstemperatur 50°C, b) Züchtungstemperatur 24°C, Existenz
eines tetragonalen Strukturtyps

Für die Ermittlung der Gitterkonstanten wurde die Rietveld-Verfeinerung
genutzt. Für die Verfeinerung des orthorhombischen Strukturtyps, Raumgruppe
Pnma, wurde als Startmodel die publizierte Struktur von Bailleul et al. [Bai91]
genommen. Für die Verfeinerung des tetragonalen Strukturtyps, Raumgruppe
I4/mmm, wurde als Startmodel der Prototyp der Struktur von K_2NiF_4 [Sie64]
benutzt. Für die Durchführung der Rietveld-Verfeinerung wurde das Programmpaket GSAS [[Lar04] und Tob01]] verwendet. In Abbildung 5.21 (S.71) ist die
Rietveld-Verfeinerung für zwei ausgewählte Zusammensetzungen zu sehen.

In der Kristallstruktur von Cs_2CuCl_4 gibt es für die Liganden der CuX4 Tetraeder drei nicht äquivalente kristallographische Positionen, die durch Cl- und/
oder Br-Atome besetzt werden. Die Verfeinerungsprozedur basierte für diese
Diffraktogramme auf der Annahme, dass die Besetzungswahrscheinlichkeit für
die Cl- und Br-Atomen für alle nicht äquivalenten kristallographischen Positionen gleich ist. In Bezug auf die orthorhombische Struktur gibt es an allen drei
Cl/Br Positionen einen Halogenaustausch. Die Spitze der Tetraeder, die aus der
triangularen Spin-½-Ebene herausragt, ist definiert als Cl2- und Br2-Position und
füllt die 4c-Wyckoff Position aus. Während sich eine andere 4c-Wyckoff

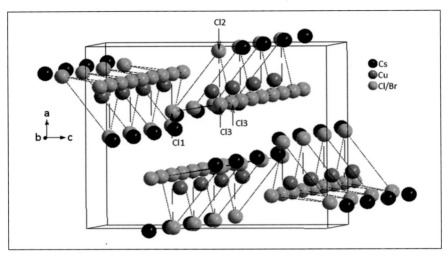

Abbildung 5.20:   Strukturmodell der orthorhombischen Phase von $Cs_2CuCl_{4-x}Br_x$, Raumgruppe Pnma

Position als Cl1 und Br1 in der bc-Ebene befindet, bezieht sich die 8d-Wyckoff Position als Cl3 und Br3 auf die verbliebenen Halogenatome. Von der 8d-Position sind alle diese Halogenpositionen, die in der b-Richtung liegen, entlang der Kettenrichtung magnetischer Wechselwirkung angeordnet. In der Abbildung 5.20 werden die Wyckoff-Positionen dargestellt.

In Anlage 5.2 sind die Verfeinerungsdaten für die Gitterkonstanten und die Atompositionen der orthorhombischen Modifikation bei Zimmertemperatur zu sehen. Die Werte in Klammern geben den statistischen Fehler an. Bei der Verfeinerung der gleichen Halogenpositionen (mit Ausnahme der Cl und Br Randsysteme) wurde von einer vollständigen Besetzung dieser Positionen ausgegangen. Damit konnte man ermitteln, welche Atome für die jeweilige Position die besten Verfeinerungswerte ergaben. Nach den Verfeinerungsergebnissen konnte man feststellen, dass es eine vorrangige Besetzung unterschiedlicher Wyckoff-Positionen mit Cl- oder Br-Atomen in verschiedenen Konzentrationsbereichen gibt.

Die nach der Verfeinerung erhaltenen Daten für die Gitterkonstanten und die Atompositionen (z.B. für das Cl 4 Randsystem) stimmen sehr gut mit den Strukturdaten von Bailleul et al. überein. Der Quotient aus den gewichteten Profil-R-Werten und deren Minimalwert ergibt die Güte der Profilanpassung GOF („the goodness of fit") bzw. dessen Quadrat χ^2, das für ausgewählte Zusammensetzungen zwischen 1.5 und 3 liegt.

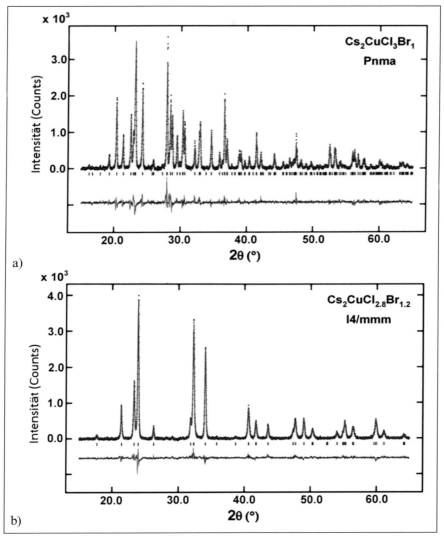

Abbildung 5.21:   Rietveld-Verfeinerung für zwei repräsentative Zusammensetzungen:
a) orthorhombischer Strukturtyp – Pnma, b) tetragonaler Strukturtyp
– I4/mmm. Die gemessenen Daten und das kalkulierte Profil für die
verfeinerte Struktur zeigen eine gute Übereinstimmung. Die Differenz
zwischen den simulierten und den gemessenen Daten ist jeweils darunter zu sehen

An der orthorhombischen Phase der ausgewählten Zusammensetzungen dieses Mischsystems wurde eine Neutronen-Diffraktometrie [Mev10] durchgeführt. Die Untersuchung erfolgte bei Zimmertemperatur. Es wurde eine Wellenlänge von 0.89 Å verwendet. Die Ergebnisse sind in Anlage 5.3 zu sehen. Die Zusammensetzung $Cs_2CuCl_{2.8}Br_{1.2}$, die bei 50°C gezüchtet wurde, sowie zwei andere Zusammensetzungen (Züchtungstemperatur 24°C) zeigen eine orthorhombische Struktur. Die Ergebnisse dieser Untersuchung liefern eine sehr gute Übereinstimmung in Bezug auf die Atompositionen, die mit Hilfe der Röntgenpulverdiffraktometrie ermittelt wurden. Bei der Zusammensetzung $Cs_2CuCl_{0.8}Br_{3.2}$ weichen die Werte der Gitterkonstanten etwas nach oben ab. Das Verhältnis von Chlor zu Brom ergibt die Zusammensetzung $Cs_2CuCl_{0.5}Br_{3.5}$, die von der ursprünglichen etwas abweicht.

Die Perovskitstruktur der tetragonalen Phase basiert auf CuX_6 Oktaedern, welche miteinander verbunden sind. Die Schichten der Oktaeder sind durch Cs-Ionen voneinander getrennt. Die Auswertung der Daten der Röntgenpulverdiffraktometrie zeigt, dass die Br-Atome vorzugsweise die Spitze in Richtung der c-Achse der CuX_6 Oktaeder besetzen. Dies stellt eine 2-dimensionale Verbindung von Cu und Br-Atomen dar, die voneinander durch eine Schicht mit einer CuX Zusammensetzung getrennt ist. In Abbildung 5.22 ist die Struktur der Einheitszelle der tetragonalen Phase mit der Raumgruppe I4/mmm der Zusammensetzung $Cs_2CuCl_2Br_2$ gezeigt.

In Anlage 5.4 sind die Verfeinerungsdaten für die Gitterkonstanten und die Atompositionen der tetragonalen Modifikation zu sehen. Die Werte in Klammern geben den statistischen Fehler an. Bei der Verfeinerung der gleichen Halogenpositionen wurde von einer vollständigen Besetzung dieser Positionen ausgegangen. Damit konnte man die Besetzungswahrscheinlichkeit für die jeweilige Position ermitteln, die den besten Verfeinerungswert ergibt. Die Güte der Profilanpassung GOF $- \chi^2$ liegt für die ausgewählten Zusammensetzungen zwischen 1.7 und 3.

Für die Cu^{2+}-Ionen in oktaedrischer Koordination erwartet man eine starke Jahn-Teller Verzerrung mit nicht nur tetragonalen, sondern auch orthorhombischen Symmetrie-Komponenten. Die zentrosymmetrische I4/mmm (Prototyp-K_2NiF_4) Struktur erwies sich als gut geeignet, um die Diffraktometrie-Daten für die tetragonale oder zum Beispiel für die quasitetragonale Modifikation der $Cs_2CuCl_{4-x}Br_x$ Mischkristalle zu erklären. Dennoch wurde vor Jahren für K_2CuF_4 gezeigt, dass der Grad der Verzerrung des Oktaeders dafür verantwortlich ist, dass I4/mmm oder die verwandte, nicht zentrosymmetrische tetragonale (I-4c2) oder orthorhombische (Bbcm) Raumgruppe die besten Verfeinerungswerte für die experimentellen Diffraktogramme darstellen [Hid83]. Man kann auch diese verwandten Raumgruppen für K_2CuF_4 grafisch darstellen. Diese Raumgruppen

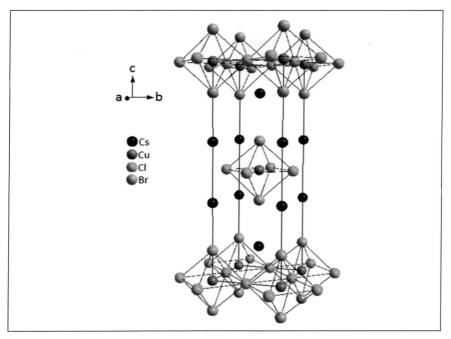

Abbildung 5.22: Strukturmodell der Einheitszelle von $Cs_2CuCl_2Br_2$ (tetragonalen Phase, Raumgruppe I4/mmm)

werden in Abbildung 5.23 im Vergleich gezeigt. Zur besseren Vergleichbarkeit werden jeweils gleichviele Strukturelemente dargestellt.

Man sieht, dass es bei allen drei Raumgruppen die gleiche Abfolge der CuX_6 Oktaeder in c-Richtung gibt. In der Raumgruppe I-4c2 und Bbcm sind die Oktaeder in unterschiedlicher Weise verzerrt, was besonders deutlich auf den drei unteren Bildern zu sehen ist. Um diese lokalen Unterschiede zu sehen, braucht man eine präzise Strukturanalyse, die den Unterschied zwischen der lokalen und der mittleren Struktur aufzeigt. Bei der Untersuchung von K_2CuF_4 wurde die orthorhomische Struktur bestätigt. [Hid83].

Die ersten Untersuchungen mittels Neutron-Diffraktometrie [Mev10] der tetragonalen Phase $Cs_2CuCl_{2.2}Br_{1.8}$ haben gezeigt, dass die angenommene Struktur I4/mmm erhöhte Werte der Temperaturfaktoren für bestimmte Positionen von Cl/Br aufweisen. Um dies zu verstehen, muss diese Struktur noch weiter untersucht werden.

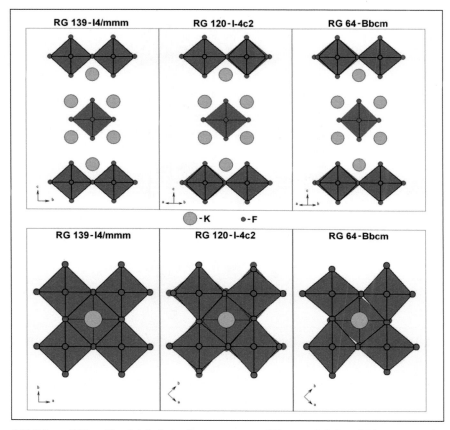

Abbildung 5.23:   Vergleich dreier Raumgruppen – I4/mmm, I-4c2 und Bbcm, unter der
Voraussetzung vergleichbarer Baueinheiten

Bei vielen Materialien, bei denen die Liganden um ein Jahn-Teller-Ion ein
verzerrtes Oktaeder bilden, ist dieses gestreckt. S.V. Streltsov und D.I. Khomskii
haben die experimentell gefundene Struktur (siehe Anlage 5.2, Verbindung
$Cs_2CuCl_{2.2}Br_{1.8}$) als Modellstruktur (I4/mmm) für eine Verbindung $Cs_2CuCl_2Br_2$
genommen, um u.a. die Jahn-Teller Verzerrung zu berechnen [Stre12]. Die letzt-
genannte Verbindung stellt eine geordnete Struktur dar, so dass die Br-Atome
die Positionen an den Spitzen in Richtung der c-Achse der Oktaeder besetzen.

In der genannten experimentellen Struktur ist ein Oktaeder um das Cu^{2+} Ion
gestaucht. Es gibt in der Literatur Beispiele für gestauchte Oktaeder um Cu^{2+}
Ionen, zum Beispiel bei dem Mischsystem $Rb_2CuCl_{4-x}Br_x$. Die Verbindungen

Rb_2CuCl_4, $Rb_2CuCl_3Br_1$, $Rb_2CuCl_2Br_2$ besitzen eine orthorhombische Schichtstruktur Cmca. In dieser sind die Oktaederschichten durch die Rubidiumatome
getrennt. Die Schichten sind in Richtung der a-Achse gestapelt. Die bc-Ebene
bildet eine fast quadratische Grundfläche aus. Vergleicht man die Diagonalen,
die die Spitzen der Oktaeder verbinden, mit den Flächendiagonalen, stellt man
fest, dass bei diesen Verbindungen die Oktaeder gestaucht sind [Wit74].

Es wurden Untersuchungen der tetragonalen Phase des Mischsystems mit
Hilfe der Pulverdiffraktometrie bei tiefen Temperaturen durchgeführt. In Abbildung 5.24 a) ist eine Übersicht der Untersuchungsergebnisse der Zusammensetzung mit einer Br-Konzentration von x=1.8 in einem Temperaturbereich
zwischen 300K und 20K in Schritten von 20K zu sehen. Zu der Probensubstanz
wurde Si-Pulver zugegeben, um Fehlerkorrekturen bei der Gitterkonstantenbestimmung durchzuführen. Ausserdem sind in den Diffraktogrammen die Reflexe von Cu zu sehen. Diese resultieren von dem Probentraeger.

Abbildung 5.24 b) zeigt, dass die Reflexe 006 und 114 der tetragonalen
Struktur, die bei Zimmertemperatur sehr nahe beieinander liegen, sich bei tiefe-
ren Temperaturen immer mehr voneinander entfernen. Diese Erscheinung resultiert aus der thermischen Ausdehnung des Gitters, was für diesen tetragonalen
Strukturtyp nicht ungewöhnlich ist.

In Abbildung 5.25 ist ein ausgewählter Winkelbereich bei einer Temperatur
von 300K und 20K für verschiedene Zusamensetzungen zu sehen. Die Abbildung 5.25 a) zeigt eine Verschiebung der Reflexe nach links mit steigender Br
Konzentration, was eine Vergrösserung der Einheitszelle bedeutet. Abbildung
5.25 b) gibt den Vergleich derselben Zusammensetzungen bei 20K wieder. Hier
sieht man nicht nur eine Verschiebung der Reflexe, sondern auch deren Splitting.

Zusammenfassend kann man sagen, dass (1) die Vermutung aus der Literaturquelle [Stre12], dass die hochsymetrische tetragonale Struktur vielleicht doch
nicht die richtige ist, zutreffend ist, (2) die Untersuchung von $Cs_2CuCl_{2.2}Br_{1.8}$ mit
Hilfe der Tieftemperatur-Pulverdiffraktommetrie zeigt, dass es Splittings bei
einigen Reflexen gibt und (3) ein Phasenübergang von der angenommenen
I4/mmm Struktur zur Pnma Struktur existiert, wobei der Phasenübergang keine
Gruppe-Untergruppe Beziehung aufweist. Diese Erkenntnisse führen dazu, dass
weitere Untersuchungen der Struktur der tetragonalen Phase vorgenommen wurden.

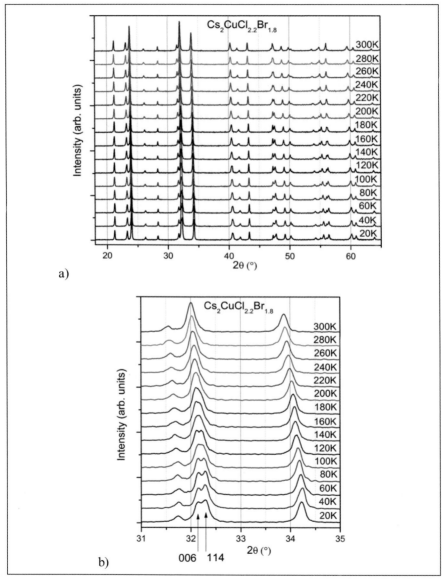

Abbildung. 5.24: a) Tieftemperatur-Pulverdiffraktogramme für $Cs_2CuCl_{2.2}Br_{1.8}$ bei verschiedenen Temperaturen, b) Ausgewählter Winkelbereich von 31° bis 35°

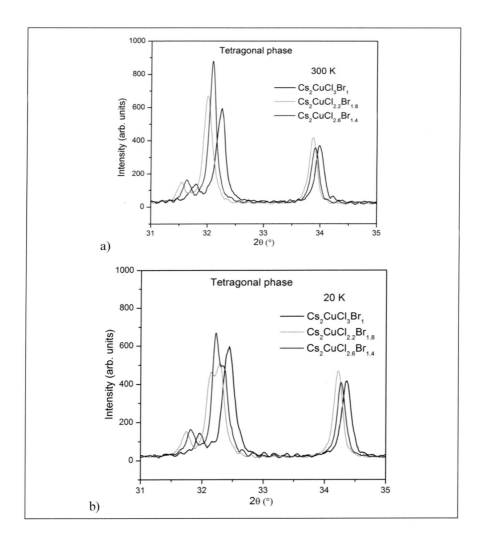

Abbildung 5.25: a) Pulverdiffraktommetrie von drei Zusammensetzungen der tetragonalen Phase bei 300 K, b) Pulverdiffraktommetrie derselben Zusammensetzungen bei 20 K

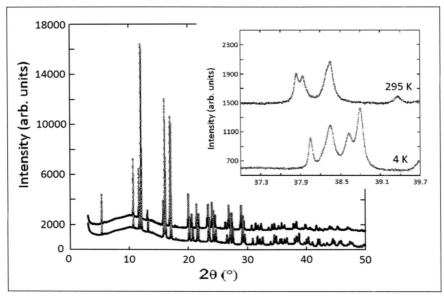

Abbildung 5.26: Pulverdiffraktometrieergebnisse von $Cs_2CuCl_{2.2}Br_{1.8}$, gemessen am SLS des PSI Villigen bei 295 K und 4 K und Nahaufnahme des Bereichs von $37°$ bis $39.7°$

Die Untersuchungen einer ausgewählten Zusammensetzung der tetragonalen Phase ($Cs_2CuCl_{2.2}Br_{1.8}$) bei verschiedenen Temperaturen mit Hilfe der Röntgenstrahlung am SLS des PSI Villigen haben gezeigt, dass noch einige neue Struktur-Reflexe existieren, die aufgrund der höheren Auflösung, wie vermutet, zu sehen waren. In Abbildung 5.26 sieht man einen Vergleich der Pulverdiffraktogramme von $Cs_2CuCl_{2.2}Br_{1.8}$ bei 295 K und 4 K. Bei den Messungen am X04SA (MS-Powder), die bei einer Energie von 16 keV durchgefuehrt wurden, kam die Debye-Sherrer-Geometrie zur Anwendung. Die verwendete Wellenlänge betrug 0.7754 Å.

Bei der Nahaufnahme sieht man bei den höheren Winkeln nicht nur die zusätzlichen Reflexe, sondern auch deren starke Veränderung bei tiefen Temperaturen. Diese Reflexe zeigen keinen Phasenübergang, aber sie geben einen Hinweis auf eine Strukturveränderung bei tiefen Temperaturen. Nach den ersten Analysen stellte sich heraus, dass anstelle des Strukturtyps I4/mmm, welcher zunächst das Hauptmotiv darstellt, in Wirklichkeit die Struktur richtigerweise durch einen tetragonalen niedrigsymmetrischen Strukturtyp beschrieben wird. Allerdings muss dieser Strukturtyp noch durch weitere Untersuchungen näher bestimmt werden.

Wie bereits zuvor erwähnt, zeigen die orthorhombischen Mischkristalle (Züchtungstemperatur 50°C) eine lineare Ausdehnung des Zellvolumens über den vollen Konzentrationsbereich. Die Gitterkonstanten weisen nach einer Verfeinerung eine fast lineare Längenänderung mit steigender Br Konzentration (siehe Abbildung 5.27 a)) auf. Zudem sieht man, dass es zu keiner starken Änderung der Kristallstruktur innerhalb des gesamten Konzentrationsbereiches kommt. Bei einer genauen Untersuchung kann man feststellen, dass es einen leichten, aber wichtigen Wechsel der Anisotropie gibt, der von der Br Konzentration abhängt. Wie in Abbildung 5.27 b) zu sehen ist, ist die relative Längenänderung des Gitters für kleinere Br Konzentrationen im Bereich $0 < x \leq 1$ bei einem anwachsenden Br Gehalt in Bezug auf die a-Achse am stärksten. Die Richtung der relativen Längenänderung erfolgt senkrecht zur Spin $- \frac{1}{2}$ - Ebene. Die schwächste Anisotropie in diesem Konzentrationsbereich ist entlang der b-Achse, das heißt, entlang der Richtung der Cu-Cl-Cl-Cu Ketten, die die stärkste Wechselwirkung zeigen. Innerhalb der mittleren Br Konzentration im Bereich $1 < x \leq 2$ gibt es keine klare Längenänderungsanisotropie, nur eine Abweichung von der Linearität. Für eine Br Konzentration zwischen $2 < x \leq 4$ ist die stärkste relative Längenänderung entlang der b-Achse (Ketten-Richtung). Die Schwächste befindet sich in diesem Dotierungsbereich entlang der a-Achse.

In Abbildung 5.27 b) ist zudem eine detaillierte Ansicht der Längenänderungsanisotropie für verschiedene Konzentrationsbereiche zu sehen. Die Anisotropie der relativen Längenänderung der Gitterkonstanten wird dargestellt durch das Verhältnis der Änderung der Gitterkonstanten zu ihren entsprechenden Anfangswerten. Für alle drei Konzentrationsbereiche zeigen die horizontalen Fehlerbalken die Messfehler der EDX-Ergebnisse. Die vertikalen statistischen Fehlerbalken sind kleiner als die Größe der eingetragenen Punkte im Diagramm.

Die Besonderheit dieser Analyse ist der Nachweis der Selektivität der Besetzung der Halogenpositionen. Dies erlaubt eine Untersuchung des spezifischen Einflusses der Besetzung der Halogenposition auf die physikalischen Eigenschaften, in Abhängigkeit von der Zusammensetzung auf diesen Positionen.

Beispielsweise kann eine Änderung der magnetischen Eigenschaften als Ergebnis einer geringen Dotierung von Cl in der Br-reichen Phase qualitativ dadurch erklärt werden, dass die Cl-Atome schon bei einer kleinen Konzentration die Wechselwirkung des Systems verändern und somit zum Beispiel die Ketten-Richtung beeinflussen. Diese Richtung hat die stärkste Wechselwirkung innerhalb dieses Mischsystems.

Die ergänzenden Untersuchungen mittels Röntgenpulverdiffraktometrie wurden für die tetragonalen Kristalle, gezüchtet bei 8°C, durchgeführt. Dabei stellte sich heraus, dass die kleinste Br Konzentration der tetragonalen Phase bei $x = 0.8$ liegt.

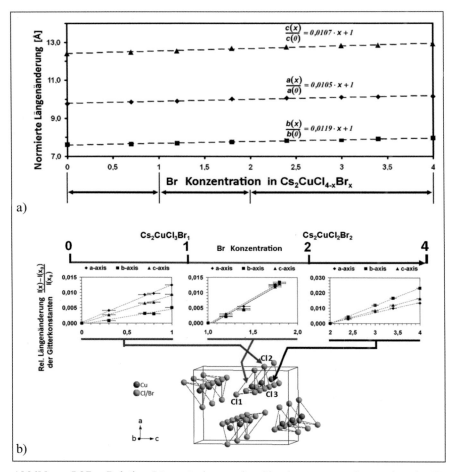

Abbildung 5.27:   Relative Längenänderung der Gitterkonstanten mit ansteigender Br
Konzentration, a) Überblick, b) detaillierte Ansicht der Längenänderungsanisotropie

Eine weitere Phase $Cs_3Cu_2Cl_{6.6}Br_{0.4}$ ($2H_2O$?) wurde nach der EDX-Analyse
auch mittels Röntgenpulverdiffraktometrie untersucht. Die Strukturbestimmung
mit Hilfe dieser Methode konnte allerdings bisher nicht abschließend vorgenommen werden.

5.2.3   Strukturelle Untersuchung der neuen Phase $Cs_3Cu_3Cl_8OH$

Die Struktur der neuer Phase $Cs_3Cu_3Cl_8OH$ wurde über die Einkristallstruktur-analyse gelöst [Bol14]. Die Untersuchung wurde bei einer Temperatur von 173 K und einer Wellenlänge von $\lambda = 0.71073$ Å (Mo) durchgeführt. Diese ergab die Raumgruppe $P2_1/c$ mit folgenden Gitterkonstanten: a = 13.3740(7) Å, b = 9.6991(4) Å und c = 13.6209(8) Å. Die zwei Winkel α und γ betragen 90°, der Winkel β ist 114.850(4)°. Daraus ergibt sich ein Volumen von 1603.25(14) Å^3 der Elementarzelle. In Anlage 5.5 sind die Verfeinerungsdaten für die Gitterkonstanten und Atompositionen dieser monoklinen Modifikation zu sehen. In Abbildung 5.28 ist die Struktur in Richtung b-Achse zu sehen.

Es fällt auf, dass die Cu-Atome, umgeben von Cl-O Oktaedern, Dreier-Gruppen bilden. Diese sind dann durch die Cs-Atome getrennt. In der Mitte von diesen Gruppengebilden ist eine O-H Verbindung zu sehen. Abbildung 5.29 zeigt die genauere Cu^{2+} Umgebung.

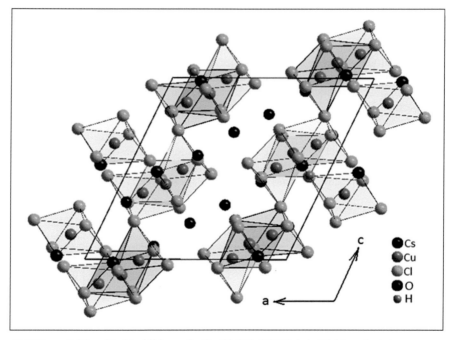

Abbildung 5.28:   Strukturbild von $Cs_3Cu_3Cl_8OH$, RG $P2_1/c$ in Richtung b-Achse

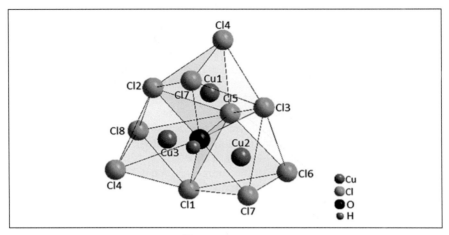

Abbildung 5.29:   Oktaedrische Cu^{2+} Umgebung in $Cs_3Cu_3Cl_8OH$

Man kann sehen, dass alle Oktaeder verzerrt sind und dass nicht nur eine Art von Halogenen involviert ist. In jeder Dreier-Gruppe gibt es eine gemeinsame O-H Verbindung. Um diese sind die Oktaeder gruppiert. Diese Gruppierung verursacht eine zusätzliche Verzerrung, die mit der Jahn-Teller-Verzerrung überlagert ist. In Tabelle 5.3 sind die Abstände von Cu^{2+} zu allen Spitzen des Oktaeders angegeben.

Man sieht, dass es in jedem Oktaeder eine Cu-O Bindung gibt, die unter 2 Å liegt. Zudem gibt es drei kurze Cu-Cl Bindungen zwischen 2.2 Å – 2.4 Å und zwei lange Cu-Cl-Bindungen zwischen 2.75 Å – 2.85 Å. Diese Daten für die Bindungslängen bestätigen, dass die Oktaeder stark verzerrt sind.

Tabelle 5.3:   Abstände zwischen Cu^{2+} Ionen und Spitzen des Oktaeders

Atome	Abstände [Å]	Atome	Abstände [Å]	Atome	Abstände [Å]
Cu(1) – O(1)	1.9627(28)	Cu(2) – O(1)	1.9726(28)	Cu(3) – O(1)	1.9790(27)
Cu(1) – Cl(2)	2.3773(11)	Cu(2) – Cl(5)	2.3877(11)	Cu(3) – Cl(1)	2.3098(11)
Cu(1) – Cl(3)	2.3261(11)	Cu(2) – Cl(6)	2.2288(11)	Cu(3) – Cl(2)	2.3896(11)
Cu(1) – Cl(4)	2.2356(11)	Cu(2) – Cl(7)	2.3101(11)	Cu(3) – Cl(8)	2.2275(10)
Cu(1) – Cl(7)	2.7411(11)	Cu(2) – Cl(1)	2.7631(11)	Cu(3) – Cl(4)	2.7723(11)
Cu(1) – Cl(5)	2.8561(10)	Cu(2) – Cl(3)	2.8404(10)	Cu(3) – Cl(5)	2.8352(11)

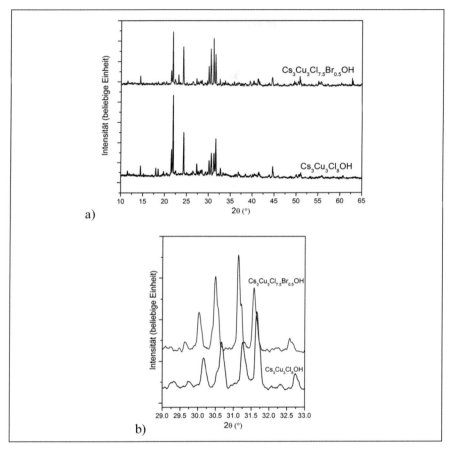

Abbildung 5.30: Pulverdiffraktogramme von $Cs_3Cu_3Cl_8OH$ und $Cs_3Cu_3Cl_{7.3}Br_{0.7}OH$ a) im Vergleich; beide Zusammensetzungen gehören zur monoklinen Raumgruppe $P2_1/c$, b) detaillierte Ansicht, die die charakteristische Verschiebung der Gitterkonstanten zeigt

Im Weiteren werden die Ergebnisse der Röntgenpulverdiffraktometrie für die neue Phase $Cs_3Cu_3Cl_8OH$ dargestellt und mit einer Br-dotierten Zusammensetzung aus den bei 8°C gezüchteten Kristallen verglichen. In Abbildung 5.30 ist für beide Zusammensetzungen die Entwicklung der Pulverdiffraktogramme mit und ohne Br-Dotierung gezeigt.

Abbildung 5.31:   REM Aufnahme des Kristall mit der Zusammensetzung $Cs_3Cu_3Cl_7Br_1OH$

Der Vergleich zeigt, dass die beiden Verbindungen die gleiche Struktur aufweisen. Die charakteristische Verschiebung in Abbildung 5.30 b) bedeutet, dass das Volumen der dotierten Zusammensetzung größer wird. Dieses ist naheliegend, da die Cl-Atome durch Br-Atome ersetzt werden. Da allerdings die genaue Position der Br-Atome nicht bekannt ist, wurde an dieser Stelle zunächst auf die Verfeinerung verzichtet.

Nach der EDX-Analyse gibt es noch eine weitere Zusammensetzung $Cs_3Cu_3Cl_7Br_1OH$. Diese konnte aber mittels Röntgenpulverdiffraktometrie nicht untersucht werden, weil die Substanzmenge dieser Phase zu gering war. In Abbildung 5.31 ist eine Aufnahme dieses Kristalls mit REM gezeigt.

5.3 Diskussion der Kristallzüchtung aus wässriger Lösung

Für das Cl und Br Randsystem sowie das Mischsystem ist die Verdunstungsmethode die zurzeit erfolgreichste Methode zur Züchtung von Einkristallen. Diese Methode wird aufgrund der relativ einfachen Durchführbarkeit der Züchtungsexperimente favorisiert. Insbesondere kann man die Temperaturkontrolle und die Abdampfungsrate gut realisieren.

In Abbildung 5.32 ist ein schematisches Phasendiagramm für das $Cs_2CuCl_{4-x}Br_x$ Mischsystem in Bezug auf die orthorhombische und die tetragonale Phase dargestellt. Man sieht, dass das Cl Randsystem sehr reichhaltig an verschiedenen Phasen ist. Hingegen zeigt das Br Randsystem nur eine Phase. Auf

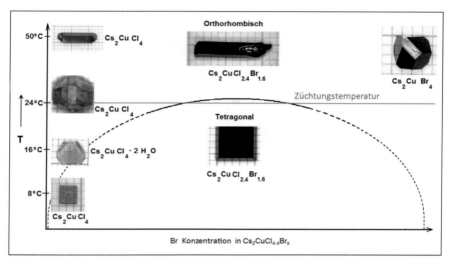

Abbildung 5.32: Schematisches Phasendiagramm für das Mischsystem $Cs_2CuCl_{4-x}Br_x$

der y-Achse ist die Züchtungstemperatur eingetragen. Die x-Achse zeigt einen steigenden Br Gehalt für $0 \leq x \leq 4$.

Zusammenfassend lässt sich sagen, dass man bei einer Züchtungstemperatur von 50°C die Kristalle der orthorhombische Phase vorwiegend in Stäbchenform bis zu einem Br-reichen Bereich erhält. In diesem sind die Kristalle sowohl bei einer Züchtungstemperatur von 50°C als auch bei 24°C nicht mehr stäbchenförmig, sondern zeigen gut ausgewachsene Flächen. Bei einer Züchtungstemperatur von 24°C wurde die orthorhombische Phase bei einer Br Konzentration von $1 < x \leq 2$ durch eine tetragonale Phase unterbrochen. In Bereichen, in denen der Halbkreis gestrichelt ist, wurde bisher die Existenz der tetragonalen Phase im Br-reichen Bereich noch nicht nachgewiesen. Allerdings konnte in dem Cl-reichen Bereich diese tetragonale Phase bis zu einer Br Konzentration von $x = 0.8$ nachgewiesen werden. Die Existenz der tetragonalen Phase im Cl Randsystem lässt vermuten, dass vielleicht noch weitere Br dotierte tetragonale Phasen existieren.

Bei konoskopischer Betrachtung zeigen diese Kristalle Interferenzbilder, die sie eindeutig als optisch einachsig ausweisen. In Abbildung 5.33 (S. 84) ist ein solches Interferenzbild zu sehen. Diese konoskopische Betrachtung bestätigt zusammen mit den Ergebnissen der Röntgenpulverdiffraktometrie, dass die mittlere Struktur dieses Kristalls tetragonal ist. Dennoch ist es auch von großem Interesse, die lokale Struktur dieser tetragonalen Verbindung festzustellen. Lokale Verzerrungen können im Mittel eine tetragonale Struktur ergeben, aber lokal

Abbildung 5.33:   Interferenzbild für den optisch einachsigen Kristall $Cs_2CuCl_{2.4}Br_{1.6}$

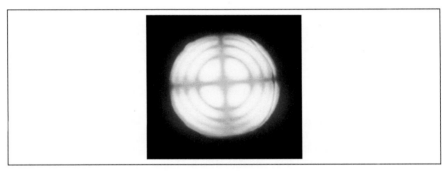

Abbildung 5.34:   Interferenzbild für den optisch einachsigen Kristall Cs_2CuCl_4 (Züchtungstemperatur 8°C)

gesehen eine andere benachbarte Symmetrie aufweisen (siehe Beispiel K_2CuF_4 – Abbildung 5.23, S. 73). Mit hochauflösenden Untersuchungsmethoden (z.B. der Neutronen-Diffraktometrie) ist es möglich, die lokalen Verzerrungen zu bestimmen.

Die gezüchtete wasserfreie tetragonale Phase für das Cl Randsystem ist bis jetzt in der Literatur nicht beschrieben. Die bisher durchgeführte Analyse ergab, dass diese Phase eine tetragonale Struktur mit den Gitterkonstanten a = b = 5.259 Å und c = 5.47 Å hat [Hau14]. Die vollständige Strukturaufklärung gestaltet sich schwierig, weil eine Phasenumwandlung in die orthorhombische Phase bereits bei etwa 16°C erfolgt. Die konoskopische Betrachtung dieses Kristalls zeigt ein Interferenzbild, welches den Kristall eindeutig als optisch einachsig ausweist. Dieses Ergebnis deutet auch darauf hin, dass die Struktur dieses Kristalls tetragonal ist. In Abbildung 5.34 (S. 84) sieht man das einachsige optische Bild von Cs_2CuCl_4.

In dem Mischsystem $Cs_2CuCl_{4-x}Br_x$ wurden zwei Phasenübergänge beobachtet. Neben dem oben beschriebenen Phasenübergang von Cs_2CuCl_4 gibt es einen weiteren von tetragonal nach orthorhombisch bei etwa 145 °C [Krü10]. Der letztere Phasenübergang betraf die Mischsystemkristalle der tetragonalen Modifikation, die bei Zimmertemperatur gezüchtet wurden. Beide Phasenübergänge haben allerdings keine Gruppe-Untergruppe Beziehung. In diesem Zusammenhang stellt sich die Frage, welche dieser Modifikationen (tetragonal oder orthorhombisch) stabil und welche metastabil ist. Metastabile Modifikationen (Phasen), die hinsichtlich einiger Temperatur- und Druck-Parameter thermodynamisch nicht stabil sind, bleiben dennoch bei solchen Parametern erhalten, bei denen die Aktivierungsenergie für eine Reorganisation der Struktur nicht ausreicht. Anders ausgedrückt existiert die Modifikation außerhalb ihres Stabilitätsbereiches, solange die Aktivierungsenergie und die Umwandlungsgeschwindigkeit sehr klein sind. Metastabile Zustände sind charakteristisch für langsame Umwandlungen mit großen Energiebarrieren.

Die Möglichkeit der Existenz der metastabilen Phase führt dazu, dass zwei Modifikationen mit einem monotropen Übergang verbunden sind. Bei diesem kann ein Übergang von einer nicht stabilen in eine stabile Phase erfolgen. Allerdings existiert kein Übergang „zurück". Dies gilt ebenfalls für die zwei vorgenannten Phasenübergänge in dem $Cs_2CuCl_{4-x}Br_x$ Mischsystem. Auch die strukturellen Modifikationen der stabilen und metastabilen Phasen stehen in keinem Zusammenhang miteinander. Der fehlende strukturelle Zusammenhang zwischen den stabilen und den metastabilen Phasen kann auf die Höhe der Energiebarrieren zurückgeführt werden. [Wer69].

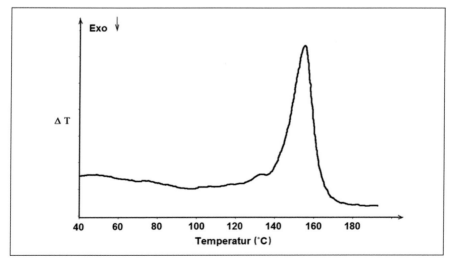

Abbildung 5.35:   DTA von einem neu gezüchteten tetragonalen Kristall mit der Zusammensetzung $Cs_2CuCl_{2.5}Br_{1.5}$

Die Kristalle des Mischsystems werden nach der Züchtung unter Berücksichtigung ihrer thermischen Stabilität und hygroskopischen Eigenschaften gelagert. In diesem Zusammenhang stellt sich naturgemäß die Frage, wie die Lagerbedingungen auszusehen haben und wie lange eine Lagerung ohne Veränderung des Kristalls möglich ist. Beispielsweise werden tetragonale Kristalle des Mischsystems $Cs_2CuCl_{4-x}Br_x$ im Br Konzentrationsbereich $1 \leq x \leq 2$ unter anderem auch bei Zimmertemperatur gezüchtet.

In der Literatur [Krü10] wurde der Phasenübergang dieser Kristalle von der tetragonalen (I4/mmm) in die orthorhombische (Pnma) Phase, der bei ca. 145°C stattfindet, beschrieben.

In der Abbildung 5.35 sieht man einen DTA-Verlauf, der zeigt, dass ein neu gezüchteter tetragonaler Kristall auf 180°C aufgeheizt wurde und einen Phasenübergang zeigt. Dieser Phasenübergang besteht aus zwei Teilen. Zum einen kann man einen ausgeprägten endothermen Übergang sehen, der im Temperaturbereich zwischen 140°C und 165°C erfolgt. Desweiteren gibt es eine kleine Schulter vor dem Phasenübergang bei ca. 135°C. Diese Schulter wird der Aktivierungsenergie für den Teil des Kristalls zugeordnet, der schon zerbrochen ist. Diese Aktivierungsenergie korrespondiert ihrerseits mit der Änderung des Volumens beim Phasenübergang.

In Abbildung 5.36 sind zwei DTA Verläufe von Kristallen abgebildet. Beide Kristalle wurden an der Umgebungsluft gelagert; der Kristall in Abbildung 5.36 a) ein Jahr, der in Abbildung 5.36 b) drei Jahre.

In Abbildung 5.36 a) sieht man, dass bei ca. 50°C ein erstes Ereignis stattfindet. Dieser Peak ist im Verhältnis zu dem Hauptpeak des Phasenübergangs bei ca. 145°C klein. Wie aus Abbildung 5.36 b) zu sehen ist, ist dieser Peak bei 50°C nach drei Jahren viel größer als der Hauptpeak des Phasenüberganges, welcher zudem klein geworden ist. Dieses Phänomen ist darauf zurückzuführen, dass es bei längerer Lagerung an der Umgebungsluft zur Bildung einer ungeordneten oder amorphen Schicht an der Oberfläche des Kristalls gekommen ist, was auf die hygroskopische Eigenschaft des Materials zurückzuführen ist. Der Übergang von einer ungeordneten Phase in eine geordnete Hochtemperaturphase benötigt weniger Aktivierungsenergie, als der Übergang bei einem Kristall, bei dem die Struktur noch intakt ist. Dieses „erste Ereignis" des Phasenübergangs beginnt bereits bei ca. 50°C. In diesem Zusammenhang sei nochmals erwähnt, dass dies die Temperatur ist, bei der aus der Lösung im ganzen Konzentrationsbereich eine Kristallisation in eine orthorhombische Struktur möglich ist. Die Erhöhung der Intensität bei dem „ersten Ereignis" deutet darauf hin, dass die Dicke der ungeordneten Schicht, die durch Verwitterung im Laufe der Zeit immer größer geworden ist, einen immer größeren Teil des Kristalls einnimmt. Dieser verwitterte Teil des Kristalls muss sich beim Phasenübergang neu ordnen und nicht umwan-

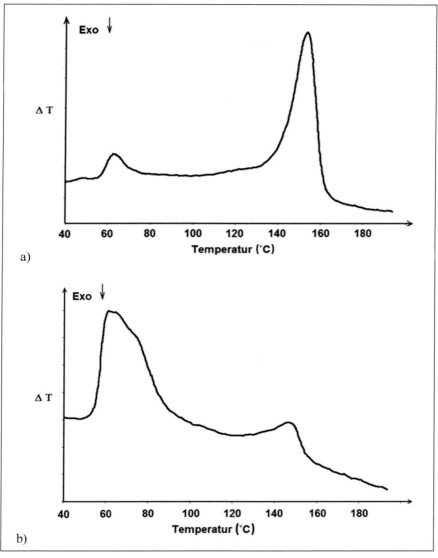

Abbildung 5.36: a) DTA von einem $Cs_2CuCl_{2.5}Br_{1.5}$ Kristall, der bei 24°C gezüchtet und dann ein Jahr lang an der Umgebungsluft gelagert wurde, b) DTA von einem $Cs_2CuCl_{2.2}Br_{1.8}$ Kristall, der bei 24°C gezüchtet und dann drei Jahre lang an der Umgebungsluft gelagert wurde

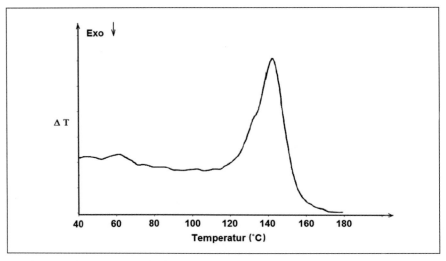

Abbildung 5.37: DTA-Verlauf nach dem Mahlen des Kristalls $Cs_2CuCl_{2.2}Br_{1.8}$ bei tiefen Temperaturen. Dieser Kristall wurde bei $24\,°C$ gezüchtet und dann drei Jahre lang an der Umgebungsluft gelagert

deln. Daraus ergibt sich, dass man die Kristalle der tetragonalen Phase des Mischsystems $Cs_2CuCl_{4-x}Br_x$ im Br Konzentrationsbereich $1 \leq x \leq 2$ länger erhalten kann, wenn man diese in einer trockenen Umgebung lagert.

Ein Kristall der tetragonalen Phase, der drei Jahre gelagert wurde, weist große ungeordnete oder amorphe Bereiche auf. Bei diesen Kristallen ist der Anteil der tetragonalen Phase sehr klein. Wenn ein solcher Kristall bei tiefen Temperaturen (bei einer Temperatur von flüssigem Stickstoff (77 K)) beispielsweise mit einer Schwingmühle der Firma Retsch gemahlen wird, bekommt man Pulver, welches insgesamt eine tetragonale Phase zeigt. In Abbildung 5.37 ist ein DTA-Verlauf zu sehen, welcher mit dem vorgenannten Pulver durchgeführt wurde.

Dieser DTA-Verlauf sieht dem in Abbildung 5.35 sehr ähnlich. Das bedeutet, dass das Mahlen bei tiefen Temperaturen die ungeordneten oder amorphen Bereiche in die tetragonale Phase überführt. Diese tetragonale Phase ist für den niedrigen Temperaturbereich die stabile Phase. Das Aufheizen auf $180°C$ zeigt einen Phasenübergang, wie bei einem neu gezüchteten tetragonalen Kristall.

Bei den Kristallen der orthorhombischen Phase des Mischsystems $Cs_2CuCl_{4-x}Br_x$ im Br Konzentrationsbereich $1 \leq x \leq 2$ (Züchtungstemperatur $50\,°C$) müssen auch besondere Lagerbedingungen eingehalten werden. Wenn man diese Kristalle bei Zimmertemperatur lagert, befinden sie sich außerhalb ihres Stabilitätsbereiches. Somit kann nach einiger Zeit eine Verwitterungsschicht entstehen, die sich mit sehr langsamer Geschwindigkeit in eine stabile tetragonale Phase (für diesen Temperaturbereich) umwandeln kann. Damit dieses nicht passiert, lagert man die Kristalle bei 50°C in einem Thermoschrank.

5.4 Ergebnisse der Züchtung aus der Schmelze

Die Motivation für diese Untersuchung ist vor allem die Frage, ob bei einer anderen Züchtungsmethode (Züchtung in einem anderen Temperaturbereich) die gleiche selektive Besetzung der Halogenpositionen erfolgt. Aus der Literatur ist nur wenig über die Schmelztemperaturen des $Cs_2CuCl_{4-x}Br_x$ Mischsystems bekannt. Beispielsweise liegt die Schmelztemperatur in einer Literaturquelle für Cs_2CuCl_4 bei 492°C [Tyl92]. In einer anderen Literaturquelle wird berichtet, dass mehrere Zusammensetzungen des Mischsystems einheitlich bei 690°C geschmolzen wurden [Ono05]. Allerdings ist die Schmelztemperatur für einzelne Zusammensetzungen des Mischsystems bisher nicht bekannt. Um die Frage nach der richtigen Schmelztemperatur für dieses Mischsystem zu klären, wurden die nachfolgend beschriebenen Untersuchungen vorgenommen.

5.4.1 Untersuchungen zum Cs_2CuCl_4-Cs_2CuBr_4 Phasendiagramm

Vor der Züchtung mit der Bridgmanmethode wurde eine DTA-Analyse für ausgewählte Zusammensetzungen durchgeführt, um die Stabilitätsbereiche dieser Verbindungen festzustellen. Die Zusammensetzungen der untersuchten Gemische liegen allesamt in der Ebene, in der sich die Mischzusammensetzungen bilden. Aus diesem Grund wurden die Einkristalle von Cs_2CuCl_4 und Cs_2CuBr_4 als Einwaage genommen und die Pulverzusammensetzungen in einem im Folgenden noch näher beschriebenen Verhältnis vorbereitet. In Abbildung 5.45 (S. 102) werden die vorbereiteten Ampullen für die DTA Untersuchung gezeigt. Von links nach rechts sieht man die Vergleichsprobe, Cs_2CuCl_4 Pulver, $Cs_2CuCl_3Br_1$ Pulver, $Cs_2CuCl_2Br_2$ Pulver, $Cs_2CuCl_1Br_3$ Pulver und Cs_2CuBr_4 Pulver.

Um genaue Aussagen über den Stabilitätsbereich einer Verbindung zu treffen, ist es wichtig, detaillierte Phasendiagramm-Untersuchungen durchzuführen. Abbildung 5.38 zeigt den Verlauf der DTA-Abkühlkurven für ausgewählte Zusammensetzungen. Alle Messungen sind mit der gleichen Heizrate von 10 K/min aufgenommen worden. Um eine übersichtliche Darstellung und Vergleichbarkeit zu ermöglichen, sind die Kurven entlang der z-Achse um einen gleichen Betrag voneinander verschoben.

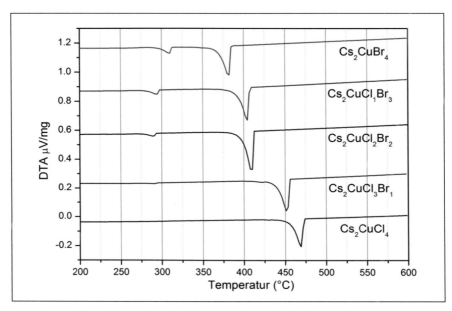

Abbildung 5.38:   Verlauf der Abkühlkurven für das $Cs_2CuCl_{4-x}Br_x$ Mischsystem

Die ersten Peaklagen von rechts nach links markieren das Erreichen der Liquiduslinie, deren Verläufe mit Ausnahme des Verlaufs von Cs_2CuCl_4 in der Literatur bisher noch nicht beschrieben sind und somit keinen Vergleich mit Literaturwerten erlauben. Alle Peaklagen zeigen Unterkühlungserscheinungen. Dies erkennt man an der steilen Flanke, die fast senkrecht nach unten geht. Im Detail kann man dies in der Abbildung 5.38 für eine ausgewählte Zusammensetzung sehen. Diese führen zu Schwierigkeiten bei der Ermittlung der Erstarrungstemperatur. Deshalb wurde überlegt, für weitere Analysen Aufheizkurven zu nehmen. In Abbildung 5.39 sind die Aufheizkurven für mehrere Zusammensetzungen des Mischsystems dargestellt.

Man sieht sowohl beim Aufheizen als auch beim Abkühlen, dass es sekundäre Peaks gibt. Die Annahme, dass es einen einfachen Zusammenhang zwischen Solidus und Liquidus in diesem Mischsystem gibt, konnte bestätigt werden (siehe Abbildung 5.39). Wenn man die sekundären Peaks einer Phase zuordnet, dann ist die Phasenbildung peritektisch und der Zusammenhang zwischen Solidus und Liquidus nicht mehr einfach darzulegen. Die Überlegungen zur Entstehung der Sekundärpeaks führen zu einer Untersuchung der Ampulle unmittelbar nach dem DTA-Experiment.

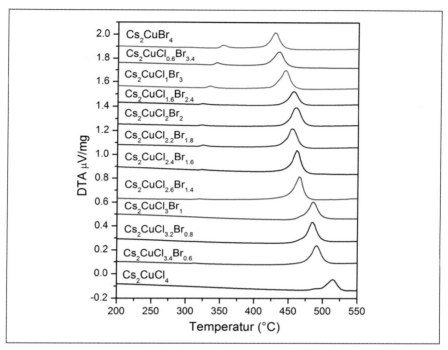

Abbildung 5.39: Verlauf der Aufheizkurven für das $Cs_2CuCl_{4-x}Br_x$ Mischsystem

Die Ampullen, deren Pulver Br enthielt, sind bräunlich gefärbt, da das Br zum Teil aus der Festphase in die Gasphase übergegangen ist. Dies spricht dafür, dass es eine Phase gibt, bei der Br entweichen kann. Das heißt, es entsteht ein kleiner Überdruck von Br in der Quarzampulle. Da beim Abschmelzen der Ampullen ein kleiner Teil Cl oder Br verloren geht, ändert sich die Zusammensetzung ein wenig. Ein Grund dafür ist, dass die Ampullen sehr kurz sind. Wenn man nämlich diese abschmilzt, werden sie kurzzeitig hohen Temperaturen ausgesetzt, die ausreichen, dass ein kleiner Teil Cl oder Br gasförmig wird.

Zur Bestätigung dieser Hypothese wurde eine Glasampulle des gleichen Materials bei gleichzeitigem Kühlen abgeschmolzen. Mit dieser Glasampulle wurde anschließend das gleiche Experiment durchgeführt. Die Auswertung zeigt, dass der Sekundärpeak zwar vorhanden, aber noch viel kleiner geworden ist.

Weitere strukturelle Untersuchungen (beispielsweise mit Pulverdiffraktometrie) können Auskunft geben, zu welcher Phase die Sekundärpeaks gehören. Sollte aber die Hauptphase orthorhombisch sein, dann gehört dieses System zu einem quasibinären System.

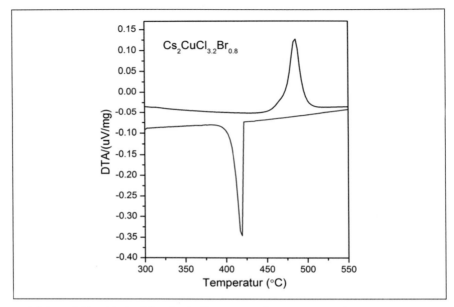

Abbildung 5.40: Verlauf für $Cs_2CuCl_{3.2}Br_{0.8}$: Aufheizkurve in schwarz (obere Kurve) und Abkühlkurve in grau (untere Kurve)

Aus den in Abbildung 5.39 abgebildeten Aufheizkurven kann man die Daten für die Liquidus- und die Soliduslinie abschätzen. Liest man die Kurven von links nach rechts, so wie sie den Schmelzvorgang zeigen, so markiert der Einsatz der linken Flanke des ersten Peaks das Erreichen der Soliduslinie. Der weitere Verlauf der rechten Flanke des Peaks gibt Auskunft über die Liquidus-linie. In Abbildung 5.40 ist ein Beispiel der Aufheiz- und Abkühlkurve von $Cs_2CuCl_{3.2}Br_{0.8}$ zu sehen.

Das Abkühlsignal ist hier sehr stark unterkühlt und trägt nur wenig zu der Information der Erstarrungstemperatur bei. Beim Aufheizsignal bedeutet das Entfernen des Signals von der Basislinie das Erreichen der Soliduslinie und den Übergang in das Zweiphasengebiet. Die Ermittlung der Temperatur, bei der die Liquiduslinie erreicht wird, bereitet einige Schwierigkeiten. Deshalb müssen noch die Wärmeübertragungsverhältnisse zwischen Probe, Tiegel und Thermo-element berücksichtigt werden. Je größer die Wärmewiderstände, desto breiter das Messsignal. Um die Korrektur der Wärmewiderstände zu berücksichtigen, kann man ein Material, dessen Phasendiagramm bekannt ist, nehmen und eine Aufheiz- und Abkühlkurve mit dem gleichem Aufbau des Experiments (zum

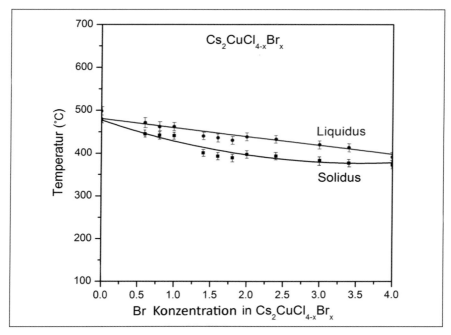

Abbildung 5.41: Entwurf eines schematischen Phasendiagramms für das $Cs_2CuCl_{4-x}Br_x$ Mischsystem als quasibinäres System. Die vertikalen Fehlerbalken geben die Unsicherheiten bei der Ermittlung der Solidus- und Liquidustemperatur wieder. In diesem Fall liegt der relative Fehler bei der Ermittlung der Solidus- und Liquidustemperatur zwischen 6 % und 8 %

Beispiel Aufsteckquarzampullen) aufnehmen. Die Differenz zwischen experimentell aufgenommenen Daten und den Literaturdaten ergibt den Wärmewiderstand, der für den Aufbau des Experimentes charakteristisch ist. Dieser Wärmewiderstand kann benutzt werden, um die Korrekturen durchzuführen. Allerdings muss dieser reproduzierbar sein, was aber schwierig ist. Bei dem Phasendiagramm (siehe Abbildung 5.41) handelt es sich um einen Entwurf. Deshalb wird im Folgenden auf die genaue Messung der Wärmewiderstände nicht näher eingegangen.

Der schematische Ablauf von Liquidus- und Soliduslinie für das $Cs_2CuCl_{4-x}Br_x$ Mischsystem als quasibinäres System ist in Abbildung 5.41 dargestellt.

Man sieht, dass das $Cs_2CuCl_{4-x}Br_x$ Mischsystem durchgehend mischbar ist und die Solidus- und die Liquiduslinie sehr nahe beieinander liegen.

Tabelle 5.4: Einwaagezusammensetzungen, EDX – Analyse der Zusammensetzungen nach der DTA-Untersuchung und die Solidus- und Liquidustemperaturen

Einwaage (280 mg)		Einwaage- zusammensetzung	EDX-Analyse	Umwandlungs- temperaturen	
Cs_2CuCl_4	Cs_2CuBr_4			**Solidus**	**Liquidus**
1	-	Cs_2CuCl_4	$Cs_2Cu_{0.97}Cl_{4.03}$	478 °C	498 °C
0.85	0.15	$Cs_2CuCl_{3.4}Br_{0.6}$	$Cs_2Cu_{0.98}Cl_{3.31}Br_{0.69}$	445 °C	470 °C
0.8	0.20	$Cs_2CuCl_{3.2}Br_{0.8}$	$Cs_2Cu_{0.97}Cl_{3.2}Br_{0.8}$	442 °C	461 °C
0.75	0.25	$Cs_2CuCl_3Br_1$	$Cs_2Cu_{0.96}Cl_{3.2}Br_{0.8}$	441 °C	460 °C
0.65	0.35	$Cs_2CuCl_{2.6}Br_{1.4}$	$Cs_2Cu_{1.01}Cl_{2.57}Br_{1.43}$	400 °C	440 °C
0.6	0.4	$Cs_2CuCl_{2.4}Br_{1.6}$	$Cs_2Cu_{0.96}Cl_{2.3}Br_{1.7}$	392 °C	436 °C
0.55	0.45	$Cs_2CuCl_{2.2}Br_{1.8}$	$Cs_2Cu_{1.02}Cl_{2.21}Br_{1.79}$	386 °C	430 °C
0.5	0.5	$Cs_2CuCl_2Br_2$	$Cs_2Cu_{1.02}Cl_{2.1}Br_{1.9}$	396 °C	438 °C
0.4	0.6	$Cs_2CuCl_{1.6}Br_{2.4}$	$Cs_2Cu_{0.97}Cl_{1.66}Br_{2.34}$	394 °C	436 °C
0.25	0.75	$Cs_2CuCl_1Br_3$	$Cs_2Cu_{1.07}Cl_{1.12}Br_{2.88}$	380 °C	419 °C
0.15	0.85	$Cs_2CuCl_{0.6}Br_{3.4}$	$Cs_2Cu_{1.08}Cl_{0.7}Br_{3.3}$	376 °C	412 °C
-	1	Cs_2CuBr_4	$Cs_2CuBr_{4.1}$	372 °C	380 °C

Die Schmelzproben aus den DTA-Experimenten wurden mittels EDX-Analyse untersucht, um die Zusammensetzung der Proben zu bestimmen. Die Ergebnisse sind in der Tabelle 5.4 im Vergleich zu der Einwaagezusammensetzung aufgelistet. In der letzten Spalte ist die experimentell bestimmte Temperatur für die Solidus- und die Liquiduslinie für die entsprechenden Zusammensetzungen angegeben.

Man sieht, dass sich die mittlere Zusammensetzung der Proben nach der DTA-Untersuchung von der Einwaagezusammensetzung nicht wesentlich unterscheidet. Eventuelle Abweichungen können auf Fehler bei der Einwaage und die Messfehlergrenze der EDX-Analyse zurückgeführt werden.

Die in der Tabelle 5.4 erwähnten Proben wurden zudem mittels Röntgenpulverdiffraktometrie untersucht. Die Ergebnisse sind in der Abbildung 5.42 dargestellt. Es ist zu sehen, dass alle Zusammensetzungen zur orthorhombische Pnma-Struktur gehören.

Das Hauptergebnis dieser Untersuchung ist, dass die Kristallisation aus einer Schmelze im ganzen Mischsystem stets in der orthorhombischen Phase erfolgt. Die Phase, die zu den Sekundärpeaks gehört, konnte in den Pulverdiffraktogrammen nicht gefunden werden. Diese Sekundärpeaks befinden sich somit außerhalb des quasibinären Schnitts.

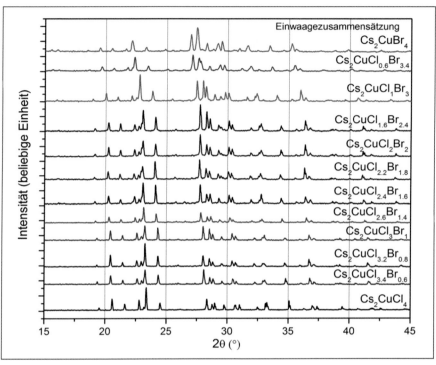

Abbildung 5.42: Röntgenpulverdiffraktometrie-Aufnahmen ausgewählter Zusammensetzungen des Mischsystems aus der durchgeführten DTA-Untersuchung

5.4.2 Einfluss des Züchtungsverfahrens (Lösung oder Schmelze) auf die Kristallstruktur

Von besonderem Interesse ist der Vergleich der Struktur der aus wässriger Lösung gezüchteten Mischkristalle mit denen aus der Schmelze. Wie schon zuvor beschrieben wurde, gibt es bei den Mischkristallen aus wässriger Lösung eine Präferenz der selektiven Besetzung der Halogenpositionen. Es ist anzunehmen, dass die Wachstumsgeschwindigkeit (Verschiebung der Phasengrenze) unterschiedlich für die beide Züchtungsmethoden ist. Die Wahrscheinlichkeit der Anlagerung von Bausteinen an den energetisch günstigen Plätzen bei der Züchtung aus der Lösung ist größer, als bei der Züchtung aus der Schmelze, weil das Wachstum an der Phasengrenze ein thermisch aktivierter, reversibler Prozess ist.

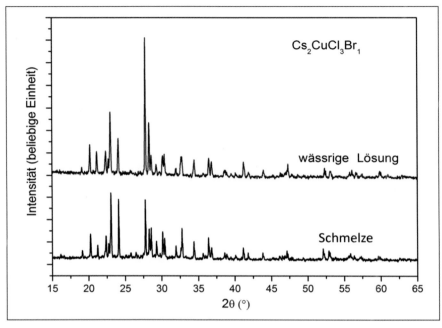

Abbildung 5.43: Röntgenpulverdiffraktometrie-Vergleich für Kristalle: gezüchtet aus wässriger Lösung und aus der Schmelze

Es stellt sich nun die Frage, wie die Besetzung der Halogenpositionen bei den Kristallen erfolgt, die aus der Schmelze gezüchtet wurden. In der Abbildung 5.43 ist für ausgewählte Zusammensetzungen ein Vergleich der beiden Pulverdiffraktogramme aus unterschiedlichen Züchtungen zu sehen. Die Zusammensetzung aus der wässrigen Lösung ist gut untersucht und gilt als Referenz für den Vergleich mit der Zusammensetzung aus der Schmelze. Für diese Untersuchung wurden kleine homogene Bereiche der Proben aus den Ampullen heraus präpariert. Die beiden Proben (siehe Abbildung 5.43) wurden aus unterschiedlichen Startzusammensetzungen gewonnen, zeigen aber beide gleiche Positionen der Reflexe.

Bei der Züchtung aus der Schmelze entsteht eine Verschiebung der Zusammensetzung, so dass man höhere Konzentration an Br benötigt, um beispielsweise eine Zusammensetzung $Cs_2CuCl_3Br_1$ zu erhalten. Für die beiden Züchtungsmethoden unterscheiden sich die Verteilungskoeffizienten für Cl und Br in der festen Phase. Einige der gleichen Reflexe beider Pulverdiffraktogramme unterscheiden sich allerdings in ihrer Intensität. Anhand der Intensität dieser Reflexe kann man auf die Positionen der Atome schließen.

Tabelle 5.5:   Ergebnisse der Verfeinerung der Gitterkonstanten und Atompositionen
von Cl und Br. Der relative Fehler bezieht sich auf die Abweichung von
einer vollständigen selektiven Besetzung (Br2→1.0)

	wässrige Lösung $Cs_2CuCl_3Br_1$	Schmelze $Cs_2CuCl_3Br_1$
a [Å]	9.894(5)	9.898(5)
b [Å]	7.661(5)	7.652(3)
c [Å]	12.531(6)	12.523(6)
Kristallografische Positionen für Cl	Cl1→0.93 Cl2→0.08 Cl3→0.94 rel. Fehler 8%	Cl1→0.61 Cl2→0.72 Cl3→0.68
Kristallografische Positionen für Br	Br1→0.07 Br2→0.92 Br3→0.06 rel. Fehler 8%	Br1→0.39 Br2→0.28 Br3→0.32

In der Tabelle 5.5 sind die Ergebnisse der Verfeinerung der Gitterkonstanten zu sehen. Die Werte unterscheiden sich nur geringfügig voneinander. Durch den Vergleich der beiden Pulverdiffraktogramme kann man die Zusammensetzung dieser Verbindung identifizieren. Durch die Züchtung aus der Schmelze mit der höheren Br Konzentration (Einwaage $Cs_2CuCl_{2.4}Br_{1.6}$) entsteht die Zusammensetzung $Cs_2CuCl_3Br_1$.

Die Verfeinerung der Atompositionen dieser Zusammensetzung ergibt dann eine ganz andere Besetzungsverteilung der Atompositionen von Cl und Br, als bei der Zusammensetzung der Verbindung aus wässriger Lösung. Man sieht, dass die Br-Atome nicht mehr eine bestimmte Position (Br2) bevorzugen, sondern zufällig verteilt sind. Es erfolgt keine Präferenz einer selektiven Besetzung der Atompositionen von Cl und Br wie bei den Verbindungen, die aus der wässrigen Lösung gezüchtet sind. Die selektive Besetzung erfolgt nur bei niedrigeren Züchtungstemperaturen (24°C und 50°C).

Die Verfeinerung erfolgte nach folgendem Ablauf: Jede Atomposition von Cl und Br wird zunächst mit der gleichen Wahrscheinlichkeit besetzt. Danach werden die Gleichungen (constraints) für die zugehörigen Atompositionen von Cl und Br aufgestellt. Diese beinhalten, dass die Anpassung der Wahrscheinlichkeitsbesetzung der Atompositionen während der Verfeinerungsprozedur unter der Voraussetzung erfolgt, dass beide Positionen immer in der Summe zu 100 %

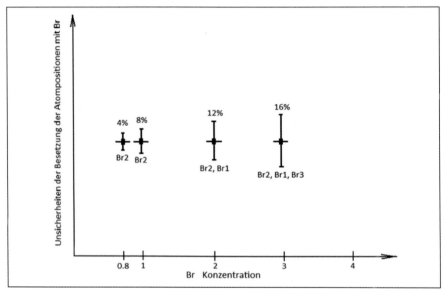

Abbildung 5.44:   Unsicherheit der Besetzung der Atompositionen der Zusammensetzungen: $Cs_2CuCl_{3.2}Br_{0.8}$, $Cs_2CuCl_3Br_1$, $Cs_2CuCl_2Br_2$ und $Cs_2CuCl_1Br_3$

besetzt sind. In der Pnma-Struktur gibt es, wie schon zuvor beschrieben, drei
Atompositionen für Cl- und Br-Atome. Bei der Verfeinerung stellte sich heraus,
dass die Atompositionen von Cl und Br bei den Proben aus den DTA-
Untersuchungen zufällig besetzt sind. Im Vergleich dazu zeigen die analysierten
Proben, die aus wässriger Lösung gezüchtet wurden, eine partielle selektive
Besetzung der Atompositionen für Br2. Bei den verschiedenen Zusammensetzungen gibt es für die selektive Besetzung (Br2→1.0) eine Abweichung oder
eine Unsicherheit bei der Besetzung, die von der Höhe der Br Konzentration
abhängt.

Die Analyse der Diffraktogramme für die unten aufgeführten Zusammensetzungen (siehe Abbildung 5.44) hat ergeben, dass die Unsicherheit der selektiven Besetzung der Br-Atome auf Position Br2 mit einem ansteigenden Br Gehalt steigt.

Der vertikale Balken zeigt die Unsicherheit bei der Besetzung der Atompositionen mit Br. Der horizontale Balken zeigt die Abweichung für jede Zusammensetzung (nach EDX-Analyse). Für diese Analyse wurden zwischen 3 und 6
Diffraktogramme pro Punkt analysiert. Beispielsweise ist bei der Br Konzentration mit x = 2 nicht nur die Atomposition Br2, sondern auch die Atomposition
Br1 besetzt, was zu einer größeren Unsicherheit der Besetzung von 12 % führt.

Unter Berücksichtigung dieses Fehlers bleibt der Trend der selektiven Besetzung der Atompositionen mit Br dennoch bestehen. Dieser Trend lässt sich für die Br Konzentration $x = 1, 2, 3$ in einem Modell zusammenfassen, in dem Br-Atome nur bestimmte Positionen annehmen.

5.4.3   Bridgmanzüchtung

Eine weiterführende Entwicklung der Züchtung von Kristallen aus einer Schmelze ist das Verfahren von Bridgman. Diese Methode ermöglicht eine bessere Steuerung der Züchtungsparameter (siehe Kap.3) und eine größere Ausbeute an Kristallen.

In der Literatur wurde die Züchtung des $Cs_2CuCl_{4-x}Br_x$ Mischsystems mit Hilfe der Bridgmanmethode schon erwähnt [Ono05].

Die hier durchgeführten Züchtungsexperimente wurden mit geschlossenen Quarzampullen (siehe Abbildung 5.46 a) und c)) mit einer Absenkgeschwindigkeit von 0,001 mm/min in einem vertikalen Ofen mit kontrollierbarer Absenkgeschwindigkeit und definiertem Temperaturprofil durchgeführt.

Diese kleine Absenkgeschwindigkeit ist dadurch begründet, dass man im Idealfall eine konstante Kristallisationsgeschwindigkeit erreichen will. Die Wachstumsgeschwindigkeit ist annähernd proportional zur Unterkühlung und damit werden entweder die Temperaturbereiche im Ofen oder die Absenkgeschwindigkeit gesteuert.

Die Abbildung 5.46 b) und d) zeigen eine Cs_2CuCl_4 bzw. Cs_2CuBr_4 Probe. Bei beiden Proben sind große homogene Bereiche zu sehen. Eine eindeutige Aussage über die kristallografische Richtung des Kristallwachstums konnte leider noch nicht getroffen werden, da diese homogenen Bereiche nach der Analyse mittels Laueaufnahmen unterschiedliche Wachstumsrichtung zeigen.

Wie in der Literatur [Ono05] beschrieben, lassen sich die Kristalle von Cs_2CuBr_4 gut entlang der (0, 0, 1) Fläche spalten. In der Abbildung 5.47 a) ist eine gespaltene Fläche zu sehen. Mit Hilfe der Laueaufnahme konnte die Spaltfläche als (0, 0, 1) Fläche identifiziert werden (siehe Abbildung 5.47 b)). Die Indizierung erfolgte über die Simulation der Laueaufnahmen mittels des Programms OrientExpress [Ori05].

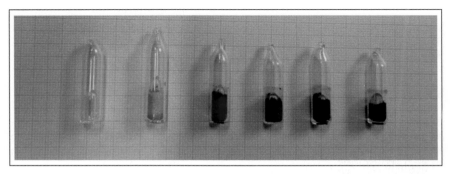

Abbildung 5.45: Die vorbereiteten Pulverproben von links nach rechts: Vergleichsprobe, Cs_2CuCl_4, $Cs_2CuCl_3Br_1$, $Cs_2CuCl_2Br_2$, $Cs_2CuCl_1Br_3$ und Cs_2CuBr_4

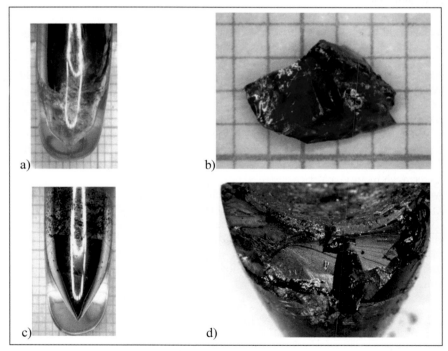

Abbildung 5.46: a) Cs_2CuCl_4 Probe in einer Quarzampulle, b) Querschnitt der Cs_2CuCl_4-Probe, c) Cs_2CuBr_4 Probe in einer Quarzampulle, d) Querschnitt der Cs_2CuBr_4-Probe

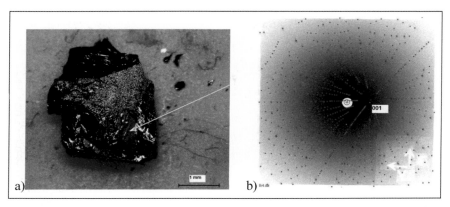

Abbildung 5.47: a) Spaltfläche der Cs_2CuBr_4-Probe, b) Laueaufnahme und Bestimmung der (0, 0, 1) Fläche

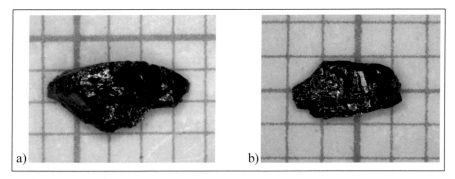

Abbildung 5.48: Homogener Bereich der Proben a) $Cs_2CuCl_3Br_1$ und b) $Cs_2CuCl_2Br_2$

Abbildung 5.49: Homogener Bereich der $Cs_{1.7}Rb_{0.3}CuBr_4$ Probe, gezüchtet mit der Bridgmanmethode

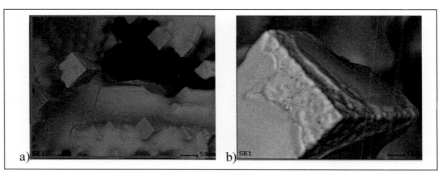

Abbildung 5.50: REM-Aufnahmen nach der Schmelzzüchtung: a) Übersichtsaufnahme, die einen Hohlraum mit mehreren Kristallen zeigt und b) Nahaufnahme von einem Cs_2CuBr_4 Kristall, der einen morphologischen Aufbau der Flächen und Kanten zeigt

In Abbildung 5.50 sind die aus der Schmelze erhaltenen Kristalle (Aufnahmen mittels REM) bei einem der Züchtungsversuche von Cs_2CuBr_4 zu sehen.

Man sieht, dass sich ein Hohlraum gebildet und sich am Rand dieses Hohlraumes das Kristallwachstum von Cs_2CuBr_4 entwickelt hat.

Zu sehen sind kleine Kristallite, die in der Form von Würfeln oder Quadern gewachsen sind. Die Zusammensetzung entspricht der Cs_2CuBr_4 – Phase, die mittels EDX-Analyse bestimmt wurde.

Auch die Mischkristalle können mit der Bridgmanmethode gezüchtet werden. Die Züchtung erfolgte unter den gleichen Bedingungen wie bei der Züchtung der Randsysteme. Die Abbildung 5.48 (S. 103) zeigt eine $Cs_2CuCl_3Br_1$ und eine $Cs_2CuCl_2Br_2$ Probe.

Die jeweilige Zusammensetzung wurde mittels EDX–Analyse bestimmt. In der Tabelle 5.6 werden drei Proben aus der Bridgmanzüchtung und aus der Lösungszüchtung in ihrer Zusammensetzungen verglichen.

Die in der Tabelle 5.6 gezeigten Ergebnisse sind auf Cs und der Cl- und Br-Index ist jeweils auf einen Nominalwert von 4 normiert.

Unter Berücksichtigung eines Messfehlers von 2 at% zeigt sich, dass die Zusammensetzung der gezüchteten Kristalle aus der Bridgmanzüchtung mit der Zusammensetzung der gezüchteten Kristalle aus wässriger Lösung innerhalb der Messfehlergrenze übereinstimmt.

Ein weiterer Vergleich wurde mit der Röntgenpulverdiffraktometrie durchgeführt, um die gebildete Phase zu überprüfen. In Abbildung 5.51 ist ein Beispiel der Zusammensetzung $Cs_2CuCl_3Br_1$ dargestellt.

Die Ergebnisse des Vergleichs zeigen, dass die Reflexlagen beider Proben sehr gut übereinstimmen und zur gleichen Phase (Raumgruppe Pnma) gehören.

Tabelle 5.6: Vergleich der EDX-Ergebnisse der ausgewählten Proben aus der Bridgmanzüchtung und aus der Lösungszüchtung

At% EDX-Analyse				
Cs	Cu	Cl	Br	Zusammensetzung aus Bridgmanzüchtung
28.94	14.08	56.98	-	$Cs_2Cu_{0.97}Cl_{3.94}$
28.66	13.37	45.33	12.63	$Cs_2Cu_{0.93}Cl_{3.13}Br_{0.87}$
27.64	14.48	28.06	29.82	$Cs_2Cu_{1.05}Cl_{1.94}Br_{2.05}$
Cs	Cu	Cl	Br	Zusammensetzung aus wässriger Lösung
28.24	14.13	57.64	-	$Cs_2CuCl_{4.08}$
28.54	13.45	43.95	14.05	$Cs_2Cu_{0.94}Cl_{3.03}Br_{0.97}$
28.05	13.29	30.48	28.17	$Cs_2Cu_{0.95}Cl_{2.08}Br_{1.92}$

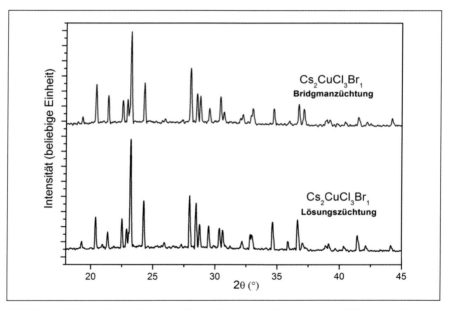

Abbildung 5.51: Vergleich der Ergebnisse der Röntgenpulverdiffraktometrie von $Cs_2CuCl_3Br_1$ – Proben aus der Bridgmanzüchtung mit denen aus der Lösungszüchtung

5.4.4   Substitution mit Rb und K

Die Frage nach der Substitution des Mischsystems $Cs_{2-x}Rb_x(K_x)CuCl_4(Br_4)$ mit Kalium und Rubidium an dem Gitterplatz von Cäsium ergibt sich aus der Überlegung, die Abstände zwischen den Ebenen der CuX4-Tetraederketten zu verkleinern. Die Struktur des Mischsystems (Pnma) ist so aufgebaut, dass sich die Cs-Atome zwischen den CuX4-Tetraeder Ketten befinden. Somit stellt sich die Frage, ob die Abstände zwischen den CuX4-Tetraeder Ketten unter Berücksichtigung der Erhaltung der Struktur variiert werden können. Diese Variation kann dabei nicht nur die Abstände vergrößern, sondern diese auch verkleinern. Die Atomradien von Kalium und Rubidium sind kleiner, als der Atomradius des Cäsiums. Folglich wird vermutet, dass die Abstände zwischen den Ebenen der CuX4 – Tetraederketten kleiner werden und diese dann für eine stärkere Wechselwirkung zwischen den Ketten sorgen. Damit wird vermutlich die Dimensionalität der triangularen magnetischen Struktur erhöht.

Es gibt die Überlegung, neue triangulare Spinstrukturen auch durch einen vollständigen Austausch von Cs durch K und Rb zu entwickeln, bei dem die Dotierung von Br und Cl zu $K_2CuCl_{4-x}Br_x$ und $Rb_2CuCl_{4-x}Br_x$ variiert werden kann. Bei einer solchen Variation stellt sich die Frage, welche Umgebung Cu hat und welchen Einfluss diese Variationen auf die magnetische Wechselwirkung haben. Das besondere Interesse an dieser Variation besteht auch darin, herauszufinden, ob in diesen Mischsystemen die Kristallisation in der Modellstruktur existiert. Dabei spielt die Cu-Umgebung eine entscheidende Rolle, nämlich welche Koordination das Kupfer (eine oktaedrische oder eine tetraedrische Koordination) mit Halogenatomen bildet. Der Zugang zu diesen neuen Mischsystemen kann über die Züchtung aus wässriger Lösung erfolgen, aber auch über die Züchtung aus einer Schmelze.

Die Ergebnisse der Züchtung des Mischsystems $K_2CuCl_{4-x}Br_x \cdot 2H_2O$ aus wässriger Lösung haben gezeigt, dass die Kristalle nur in einem kleinen Dotierungsbereich (nur bis x=2) gezüchtet werden können. Zudem sind diese an der Luft nicht stabil und geben nach und nach ihr gebundenes Kristallwasser ab. Diese Kristalle gehören zu der Perovskitstruktur, wobei Kupfer eine oktaedrische Umgebung annimmt (Raumgruppe $P4_2/mnm$) [Wal13].

Das andere Mischsystem $Rb_2CuCl_{4-x}Br_x$ ist aus der Literatur bekannt und gehört auch zu der Perovskitstruktur. Auch hier besitzt Kupfer eine oktaedrische Umgebung. Die Kristallisation erfolgt in eine orthorhombische Struktur (Cmca) [Wit74].

5.4.4.1   Züchtung von $Cs_{2-x}Rb_xCuBr_4$ mit der Bridgmanmethode

Durch die Substitution mit Rb wird der Abstand der Ebenen der CuBr4-Tetrae-der Ketten nicht vergrößert, sondern verkleinert. Es stellt sich die Frage, in welche Richtung die Abstände verkleinert werden und welche Auswirkung dies auf die magnetische Wechselwirkung hat.

Durch die Möglichkeit, beispielsweise Cs_2CuBr_4 mit der Bridgmanmethode zu züchten, wurde überlegt, die Substitution bei $Cs_{2-x}Rb_xCuBr_4$ mit einem geringen Rb-Anteil durchzuführen. Das Phasendiagramm für diese neue Verbindung und auch die Existenz dieser substituierten Verbindung sind derzeit noch nicht bekannt.

Mit Hilfe der DTA-Untersuchung wurden der Temperaturbereich und der Stabilitätsbereich ermittelt, die für die Züchtung von $Cs_{2-x}Rb_xCuBr_4$ wichtig sind. Es werden Proben mit einer Einwaagezusammensetzung von 10 at%, 20 at% und 30 at% Rb hergestellt. Für die Herstellung dieser Proben wurden Rubidiumbromid, Kupferbromid und Cäsiumbromid verwendet.

Die DTA-Untersuchungen ergaben, dass alle Peaklagen der Abkühlkurven Unterkühlungserscheinungen zeigen, was zu Schwierigkeiten bei der Ermittlung der Erstarrungstemperatur führt. Deshalb wurden für die Analyse die DTA-Aufheizkurven verwendet. Abbildung 5.52 zeigt den Verlauf der DTA-Aufheizkurven für ausgewählte Zusammensetzungen.

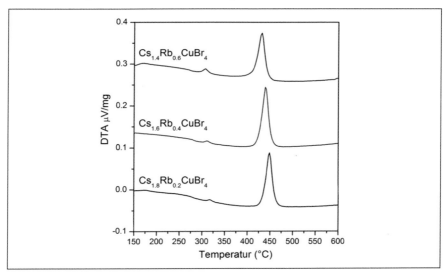

Abbildung 5.52:   Verlauf der Aufheizkurven für ausgewählte Zusammensetzungen des $Cs_{2-x}Rb_xCuBr_4$ Mischsystem. Alle Messungen sind mit der gleichen Heizrate 10 K/min aufgenommen worden

Bis zu einer Einwaagezusammensetzung von 30 at% Rb gibt es eine durchgehende Mischbarkeit. Eine weitere Erhöhung des Rb-Anteils führt zu einer Kristallisation einer anderen Phase.

Aufbauend auf der DTA-Untersuchung wurde die Züchtung einer ausgewählten Verbindung des $Cs_{2-x}Rb_xCuBr_4$ Mischsystems mit der Bridgmanmethode in einer Quarzampulle durchgeführt. Für diese Züchtung wurde die Verbindung mit einer Einwaagezusammensetzung von 15 at% Rb ausgewählt. In Abbildung 5.52 (S. 102) ist die gezüchtete Probe gezeigt.

5.4.4.2   Charakterisierung von $Cs_{2-x}Rb_xCuBr_4$

Im Weiteren wurde die Zusammensetzung der in Abbildung 5.49 (S. 103) gezeigten Verbindung mittels EDX-Analyse untersucht. In der Tabelle 5.7 sind die Ergebnisse gezeigt, aus denen sich die Zusammensetzung der Verbindung $Cs_{1.7}Rb_{0.3}CuBr_4$ unter Berücksichtigung der Genauigkeit der EDX-Messung und der Normierung des Cs und Rb-Indexes auf einen Nominalwert 2 zu $Cs_{1.78}Rb_{0.22}CuBr_4$ ergibt.

Tabelle 5.7: EDX-Analyse der kristallisierten Phase für die Verbindung $Cs_{1.7}Rb_{0.3}CuBr_4$

Element	At%
Cs	25
Cu	14
Br	57
Rb	4

Die Untersuchung mittels Röntgenpulverdiffraktometrie zeigt, dass die Struktur der neuen Probe dieselbe ist, wie bei Cs_2CuBr_4. In Abbildung 5.53 a) ist der Vergleich zwischen der neuen Verbindung und Cs_2CuBr_4 zu sehen.

Nach der Verfeinerung der aufgenommenen Diffraktogramme (bei Zimmertemperatur) mit dem Programm GSAS [[Lar04] und [Tob01]] ergeben sich die Parameter der Einheitszelle für $Cs_{1.7}Rb_{0.3}CuBr_4$: a = 10.127(2) Å, b = 7.938(2) Å und c= 12.864(3) Å. Die Güte der Verfeinerung ist $\chi^2 = 1.328$. Der Vergleich in der Tabelle 5.8 zeigt den Unterschied der Werte der Gitterkonstanten im Vergleich zu der Verbindung Cs_2CuBr_4.

Tabelle 5.8: Vergleich der Gitterkonstantenwerte von Cs_2CuBr_4 und $Cs_{1.7}Rb_{0.3}CuBr_4$

Verbindung	a [Å]	b [Å]	c [Å]
Cs_2CuBr_4-Pnma	10.170(2)	7.956(1)	12.915(3)
$Cs_{1.7}Rb_{0.3}CuBr_4$-Pnma	10.127(2)	7.938(2)	12.864(3)

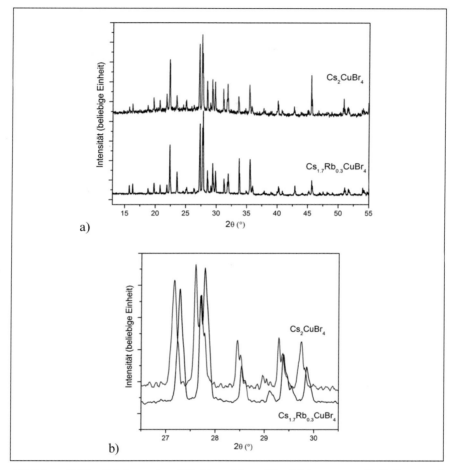

Abbildung 5.53: Röntgenpulverdiffraktometrie: Vergleich von Cs_2CuBr_4 und $Cs_{1.7}Rb_{0.3}CuBr_4$, a) Übersichtsaufnahme beider Zusammensetzungen (Pnma) b) Verschiebung der Reflexlagen von $Cs_{1.7}Rb_{0.3}CuBr_4$ im Vergleich zu Cs_2CuBr_4

Wenn man die Verhältnisse der jeweiligen Gitterkonstanten dieser zwei Zusammensetzungen betrachtet, stellt man fest, dass die größeren Veränderungen in Richtung der Gitterkonstanten c und a erfolgen und die Veränderung der Gitterkonstante b am kleinsten ist. Das bedeutet, dass die Substitution mit dem Rb-Atom die Einheitszelle zunächst in Richtung a- und c-Achse verkleinert. In

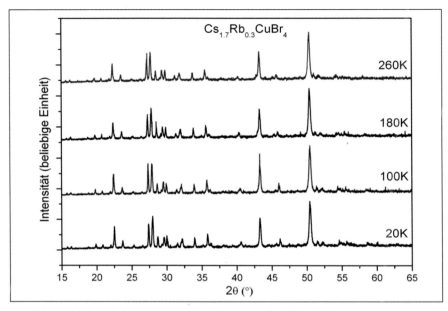

Abbildung 5.54: Tieftemperaturuntersuchung von $Cs_{1.7}Rb_{0.3}CuBr_4$

Richtung der dominantesten Wechselwirkung (in Richtung b-Achse) ist die Veränderung am kleinsten. Eine Beantwortung der Frage nach der Auswirkung dieser Veränderung auf die physikalischen Eigenschaften bleibt noch offen. An dieser Verbindung wurde auch eine Tieftemperaturuntersuchung durchgeführt, um die Phasenstabilität bei tiefen Temperaturen zu überprüfen. Die Ergebnisse sind in Abbildung 5.54 gezeigt. Es erfolgten insgesamt vier Messungen von 260 K bis 20 K in Schritten von 80 K. Man sieht, dass kein Phasenübergang beobachtet wird und die orthorhombische Phase bis 20 K erhalten bleibt.

Es ist gelungen, Cs durch einen geringen Anteil von Rb in der Verbindung Cs_2CuBr_4 strukturerhaltend zu substituieren. Damit bleibt auch die Struktur des triangularen Systems erhalten.

5.5 Zusammenfassung

Die Einkristallzüchtung des Mischsystems $Cs_2CuCl_{4-x}Br_x$ wurde erfolgreich bei verschiedenen Temperaturen aus wässriger Lösung mit der Verdunstungsmethode durchgeführt. Das Ergebnis zeigt, dass die Züchtungstemperatur über die Kristallstruktur entscheidet:

(i) Bei einer Züchtungstemperatur von 50°C erfolgt die Kristallisation in der orthorhombischen Phase im ganzen Mischsystem. Bei einer Züchtungstemperatur von 24°C erfolgt die Kristallisation in Bereich der Br Konzentration von $x = 1$ bis $x = 2$ in der tetragonalen Phase und ansonsten in der orthorhombische Phase.

(ii) Bei einer Züchtungstemperatur von 8°C erfolgt die Kristallisation vorwiegend in der tetragonalen Phase, wobei die Untersuchung nur bis zu einer Br Konzentration mit $x = 2$ untersucht wurde. Bis zu dieser Br Konzentration bildet sich keine orthorhombische Phase.

Aus den so gewonnenen Daten wurde sodann der Entwurf eines Phasendiagramms erstellt (siehe Abbildung 5.41, S. 95).

Durch eine Züchtung mit bestimmten Züchtungsparamtern bleibt die Struktur der Randsysteme in dem gesamten Mischsystem erhalten. Die triangulare Struktur kann darüber hinaus sogar je nach Br Substitution erhalten werden.

Bei der Züchtung des $CsCl$-$CuCl_2$-H_2O Randsystems wurde eine neue Phase entdeckt. Diese kristallisiert bei allen Züchtungstemperaturen als monokline Phase (RG P21/c). Erste Untersuchungen deuten darauf hin, dass es bei dieser Verbindung interessante magnetische Wechselwirkungen zwischen den trinuklearen Cu-Einheiten gibt. Des Weiteren wurde in diesem System bei der Züchtungstemperatur von 8°C eine neue tetragonale Phase Cs_2CuCl_4 entdeckt. Die Struktur dieser Phase konnte bisher nicht vollständig aufgeklärt werden. Allerdings deuten die Untersuchungen darauf hin, dass diese Zusammensetzung eine tetragonale Struktur hat.

Die Veränderung des Zellvolumens in Abhängigkeit von der Br Konzentration entspricht weitgehend dem Vegards-Gesetz, sowohl für die orthorhombische, wie auch für die tetragonale Phase.

Durch die Röntgenpulverdiffraktometrie-Analyse bei Zimmertemperatur für die orthorhombische Phase in ganzem Mischsystem wurde die relative Ausdehnung der Gitterkonstanten analysiert und festgestellt, dass es einen Wechsel der Anisotropie der relativen Ausdehnung für verschiedene Br Konzentrationsbereiche gibt. Daraus ergibt sich eine bevorzugte selektive Besetzung der Atompositionen je nach Br Gehalt.

Bei der Untersuchung der thermischen Stabilität der tetragonalen und der orthorhombischen Phasen wurde die Existenz stabiler und metastabiler Bereiche festgestellt und die Besonderheit der Lagebedingungen, die für die Strukturerhaltung notwendig sind, ermittelt.

Desweiteren wurde die Züchtung dieses Mischsystem aus einer Schmelze realisiert. Die Versuche zeigen, dass $Cs_2CuCl_{4-x}Br_x$ durchgehend mischbar ist. Aufgrund dieser Untersuchungen ist es möglich, einen ersten Entwurf eines schematischen Phasendiagramms für die Züchtung aus einer Schmelze herzustellen (Abbildung 5.41, S. 95).

Der Vergleich der strukturellen Analyse der gezüchteten Kristallen aus der Schmelze mit denen aus der Lösung hat ergeben, dass es nur bei den Kristallen, die aus wässriger Lösung gezüchtet sind, eine bevorzugte selektive Besetzung der Halogenpositionen gibt.

Eine partielle Substitution mit Rb auf dem Cs-Platz bei dem $Cs_{2-x}Rb_xCuBr_4$ Mischsystem wurde erfolgreich bis zu einer Einwaagezusammensetzung von Rb 30 at% realisiert. Die untersuchte Zusammensetzung $Cs_{1.7}Rb_{0.3}CuBr_4$ konnte mittels Brigmanmethode gezüchtet werden, wobei die Struktur des triangularen Randsystems Cs_2CuBr_4 erhalten blieb.

6 Röntgenpulverdiffraktometrie bei tiefen Temperaturen

Bis heute gibt es nur wenige Informationen über die Struktur des $Cs_2CuCl_{4-x}Br_x$ Mischsystems bei tiefen Temperaturen. Für verschiedene Berechnungen benötigt man die Strukturparameter bei tiefen Temperaturen. Eine einfache isotrope Schrumpfung reicht nicht aus, um die Gitterkonstanten bei tiefen Temperaturen zu berechnen [[Col01] und [Col02]]. Desweiteren wurde in einer früheren Publikation über thermische Ausdehnungswerte für die Gitterkonstanten von Cs_2CuCl_4 eine anomale Temperaturabhängigkeit für die Gitterkonstante b festgestellt, die sich in dem Maximum des Verlaufs äußert [Tyl92].

Deshalb ist das Ziel dieser Untersuchung, weitergehende Informationen über die strukturellen Eigenschaften der $Cs_2CuCl_{4-x}Br_x$ Kristalle bei tiefen Temperaturen zu erhalten. Von besonderer Wichtigkeit ist dabei, auf eventuelle Phasenübergänge zu schauen, die bei tiefen Temperaturen auftreten können.

In Abbildung 6.1 sind die Tieftemperatur-Pulverdiffraktogramme für folgende ausgewählte Zusammensetzungen zu sehen: Cs_2CuCl_4, $Cs_2CuCl_3Br_1$, $Cs_2CuCl_2Br_2$ und Cs_2CuBr_4. Um messtechnisch bedingte Fehlerkorrekturen bei der Gitterkonstantenbestimmung auszuschließen, wurde den Probensubstanzen jeweils ein Si-Standard beigemengt. Die Pulverdiffraktometrien erfolgten von 280 K bis 20 K in Schritten von 20 K.

Aus den Si-Werten wird für die Verfeinerung der passende Korrekturwert des Nullpunktfehlers berechnet. Dafür werden die Werte von zwei Si-Reflexen der experimentellen Messung, die weit auseinander liegen, genommen. Im Weiteren wird ein Durchschnitt aus Si-experimentellen Werten und Si-Literaturwerten [Swe83] gebildet, welcher dann als Korrekturfaktor für die Verfeinerung $(\Delta F=[(\theta_{1Lit}+\theta_{2Lit})-(\theta_{1Exp}+\theta_{2Exp})]/2)$ genommen wird.

Man sieht aus den Pulverdiffraktogrammen, dass die Struktur erhalten bleibt. Zudem konnte kein Phasenübergang beobachtet werden. Aus den Pulverdiffraktogrammen wurden mit dem Programmpaket GSAS [[Lar04] und [Tol01]] die Gitterkonstanten verfeinert. Dabei wurde ein geordnetes Modell mit der selektiven Besetzung der Atompositionen mit Br für die in Abbildung 6.1 genannten Zusammensetzungen angenommen. Im Anhang 6.1 sind die Strukturdaten für diese Zusammensetzungen im Vergleich bei einer Temperatur von 20 K zu sehen.

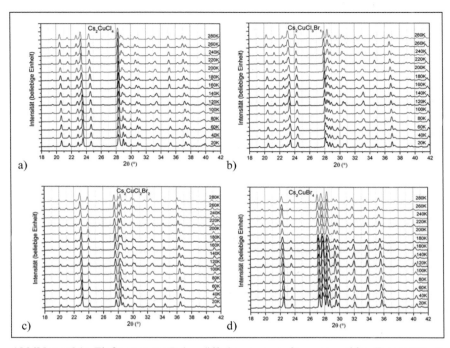

Abbildung 6.1: Tieftemperatur-Pulverdiffraktogramme für ausgewählte Zusammensetzungen bei verschiedenen Temperaturen: a) Cs_2CuCl_4, b) $Cs_2CuCl_3Br_1$, c) $Cs_2CuCl_2Br_2$ und d) Cs_2CuBr_4

Im Weiteren wurden für jede gemessene Zusammensetzung und jedes Temperaturintervall die Gitterkonstanten ausgerechnet. Die relative Gitterausdehnung wurde als relative Längenänderung der benachbarten Gitterkonstantenwerte für die jeweilige Temperatur berechnet und auf den jeweiligen Gitterkonstantenwert bei der Temperatur 280 K normiert (siehe Abbildung 6.2). Die Punktgröße im jeweiligen Diagramm stellt die statistische Fehlergröße dar. Der Verlauf der Punkte wurde mit der Polynomfunktion dritten Grades approximiert, was den Verlauf der Punkte besser beschreibt. Im allgemeinen Fall kann es auch eine Funktion n-ten Grades sein.

Die relative Längenänderung der Gitterkonstanten für Cs_2CuCl_4 (siehe Abbildung 6.2 a)) zeigt, dass es für alle Gitterkonstanten einen unterschiedlichen Verlauf gibt. Beispielsweise ist die relative Längenänderung für die Gitterkonstante a mit der Änerung der Temperatur fast linear. Hingegen ist für die Gitterkonstante b die Abweichung vom linearen Verhalten am stärksten. Die Anisotro-

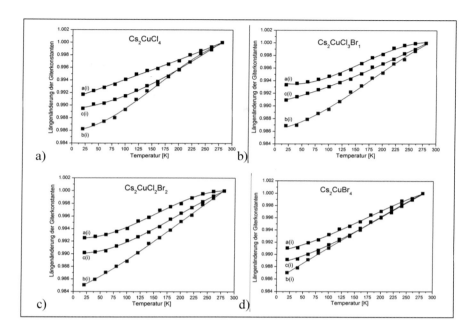

Abbildung 6.2: Die normierte relative Längenänderung der Gitterkonstanten mit der Temperatur für: a) Cs_2CuCl_4, b) $Cs_2CuCl_3Br_1$, c) $Cs_2CuCl_2Br_2$ und d) Cs_2CuBr_4

pie der relative Längenänderung der Gitterkonstanten verändert sich mit der Zusammensetzung und wird für $Cs_2CuCl_3Br_1$ und $Cs_2CuCl_2Br_2$ (siehe Abbildung 6.2 b) und c)) größer. Für diese beiden Verbindungen weicht die relative Längenänderung der Gitterkonstante a stärker vom linearen Verhalten ab, als bei Cs_2CuCl_4. Für die Gitterkonstante b ist dieser Verlauf umgekehrt. Die relative Längenänderung der Gitterkonstante b neigt bei diesen Zusammensetzungen zu einem linearen Verhalten. In Abbildung 6.2 d) weist die relative Längenänderung der Gitterkonstante für Cs_2CuBr_4 die kleinste Anisotropie aus.

Es fällt auf, dass die Temperaturverläufe der Gitterkonstanten teilweise signifikante Wendepunkte aufweisen, die bei der Polynomapproximation die Annahme eines Terms dritter Ordnung erfordern. Wenn man diese Approximations-Funktion in Abhängigkeit von der Temperatur differenziert ($\alpha = \frac{1}{L_0}\left(\frac{\partial L}{\partial T}\right)$), bekommt man analytisch ausgedrückt die Funktionen, die die Koeffizienten der thermischen Ausdehnung der Gitterkonstanten beschreiben. Diese kann man dann graphisch darstellen.

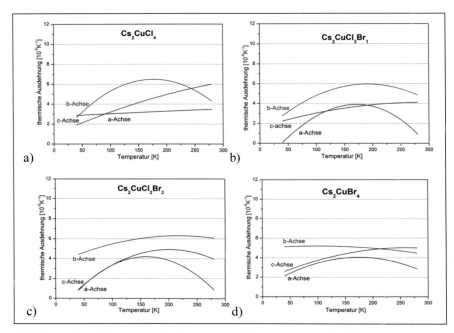

Abbildung 6.3: Thermische Ausdehnung der Gitterkonstanten für folgende Zusammensetzungen: a) Cs_2CuCl_4, b) $Cs_2CuCl_3Br_1$, c) $Cs_2CuCl_2Br_2$ und d)
Cs_2CuBr_4

In Abbildung 6.3 sind für alle diskutierten Zusammensetzungen die Koeffizienten der thermischen Ausdehnung der Gitterkonstanten dargestellt. Die Abbildung 6.3 a) zeigt den Verlauf der thermischen Ausdehnung der Gitterkonstanten für die Zusammensetzung Cs_2CuCl_4. Man sieht, dass es in Richtung der
b-Achse ein deutliches anomales Verhalten gibt. Für die nächste Zusammensetzung $Cs_2CuCl_3Br_1$, die in Abbildung 6.3 b) gezeigt wird, ändert sich das anomale
Verhalten.

Das anomale Verhalten der thermischen Ausdehnung in Richtung der b-
Achse ist kleiner geworden und tritt entlang der a-Achse stärker auf. Wie bereits
erwähnt, erfolgt die Br Substitution in dem ersten Konzentrationsbereich in
Richtung der a-Achse. Das anomale Verhalten ist in dieser Richtung gut zu sehen. Die thermische Ausdehnung in Richtung c-Achse bleibt für Cs_2CuCl_4 und
für $Cs_2CuCl_3Br_1$ unverändert.

Für die weitere Zusammensetzung $Cs_2CuCl_2Br_2$ zeigt die thermische Ausdehnung der Gitterkonstanten in Abbildung 6.3 c), dass das anomale Verhalten

Tabelle 6.1: Analytische Funktionen der thermischen Ausdehnungskoeffizienten der untersuchten Zusammensetzungen

Cs_2CuCl_4	$Cs_2CuCl_2Br_2$
$a = 2.75 \cdot 10^{-5} + 2.9 \cdot 10^{-8}T - 0.11 \cdot 10^{-10}T^2$	$a = -1.89 \cdot 10^{-5} + 76.3 \cdot 10^{-8}T - 0.23 \cdot 10^{-10}T^2$
$b = 0.08 \cdot 10^{-5} + 72.6 \cdot 10^{-8}T - 0.2 \cdot 10^{-10}T^2$	$b = 3.45 \cdot 10^{-5} + 27.30 \cdot 10^{-8}T - 6.66 \cdot 10^{-10}T^2$
$c = 0.93 \cdot 10^{-5} + 25.1 \cdot 10^{-8}T - 2.52 \cdot 10^{-10}T^2$	$c = -1.65 \cdot 10^{-5} + 65.9 \cdot 10^{-8}T - 0.16 \cdot 10^{-10}T^2$
$Cs_2CuCl_3Br_1$	Cs_2CuBr_4
$a = -2.33 \cdot 10^{-5} + 39.26 \cdot 10^{-8}T + 8.18 \cdot 10^{-10}T^2$	$a = 0.8 \cdot 10^{-5} + 37.30 \cdot 10^{-8}T - 10.67 \cdot 10^{-10}T^2$
$b = 1.35 \cdot 10^{-5} + 25.5 \cdot 10^{-8}T - 4.69 \cdot 10^{-10}T^2$	$b = 4.99 \cdot 10^{-5} + 4.17 \cdot 10^{-8}T - 2.16 \cdot 10^{-10}T^2$
$c = 1.76 \cdot 10^{-5} + 8.48 \cdot 10^{-8}T - 1.01 \cdot 10^{-10}T^2$	$c = 1.63 \cdot 10^{-5} + 26.07 \cdot 10^{-8}T - 5.03 \cdot 10^{-10}T^2$

in Richtung a-Achse geblieben ist und in Richtung c-Achse auftritt. Dies lässt sich auch durch den Br Gehalt in Richtung a- und c-Achse in diesem Konzentrationsbereich vermuten. Das anomale Verhalten in Richtung b-Achse wird noch kleiner, als für die vorherige Zusammensetzung. In Abbildung 6.3 d) ist die thermische Ausdehnung der Gitterkonstanten für die Zusammensetzung Cs_2CuBr_4 zu sehen. In keinen Achsenrichtungen ist das anomale Verhalten zu sehen. Zudem wird die Anisotropie der thermischen Ausdehnung der Gitterkonstanten kleiner, als bei den anderen Zusammensetzungen.

Die temperaturabhängigen Koeffizienten der thermischen Ausdehnung geben analytisch ausgedrückt die Funktionen, die in der Tabelle 6.1 für die untersuchten Zusammensetzungen aufgeführt sind.

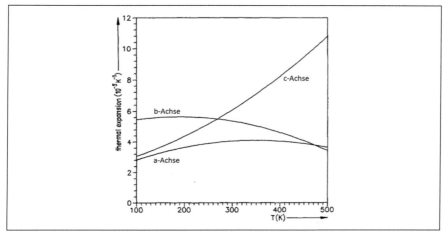

Abbildung 6.4: Thermischen Ausdehnung der Gitterkonstanten der Cs_2CuCl_4 Zusammensetzung [Tyl92]

Tabelle 6.2:   Koeffizienten der thermischen Ausdehnung bei 275 K

Cs_2CuCl_4	Cs_2CuCl_4	$Cs_2CuCl_3Br_1$	$Cs_2CuCl_2Br_2$	Cs_2CuBr_4
Literaturwerte [Tyl92]	Ergebnisse im Rahmen dieser Arbeit			
$a = 3.55 \cdot 10^{-5}$	$a = 3.47 \cdot 10^{-5}$	$a = 1.19 \cdot 10^{-5}$	$a = 1.05 \cdot 10^{-5}$	$a = 2.97 \cdot 10^{-5}$
$b = 5.45 \cdot 10^{-5}$	$b = 4.51 \cdot 10^{-5}$	$b = 4.98 \cdot 10^{-5}$	$b = 5.94 \cdot 10^{-5}$	$b = 4.51 \cdot 10^{-5}$
$c = 5.61 \cdot 10^{-5}$	$c = 5.94 \cdot 10^{-5}$	$c = 4.12 \cdot 10^{-5}$	$c = 4.07 \cdot 10^{-5}$	$c = 4.99 \cdot 10^{-5}$

In der Literatur sind Daten für die thermische Ausdehnung der Gitterkonstanten der Cs_2CuCl_4 Zusammensetzung für den Temperaturbereich zwischen 100K bis 500K (siehe Abbildung 6.4) zu finden.

Bei genauerer Betrachtung sind die, aus der Röntgenpulverdiffraktometrie gewonnenen Daten (siehe Abbildung 6.3 a)), den Literaturdaten im Bereich von 100 K bis 300 K sehr ähnlich. Die b-Achse hat in beiden Fällen ein anomales Verhalten. In der Literatur [Tyl92] wurde zur Deutung dieses anomalischen Verhaltens der Jahn-Teller Effekt benutzt.

In der Tabelle 6.2 ist der Vergleich der Koeffizienten der thermischen Ausdehnung bei Zimmertemperatur (275 K) zwischen den Literaturwerten [Tyl92] und denen, die im Rahmen dieser Arbeit bei den untersuchten Zusammensetzungen ermittelt wurden, dargestellt.

Aus der Tabelle wird ersichtlich, dass die Koeffizienten der thermischen Ausdehnung zwar für den absoluten Wert einen Unterschied zeigen, sich aber im Bezug auf die Reihenfolge (a < b < c) bei den Randphasen entsprechen. Bei den Zusammensetzungen $Cs_2CuCl_3Br_1$ und $Cs_2CuCl_2Br_2$ ist die Reihenfolge (a < c < b) der Koeffizienten der thermischen Ausdehnung eine andere. Die im Rahmen dieser Arbeit gewonnen absoluten Werte für Cs_2CuCl_4 weichen von den Literaturdaten (1. Spalte der Tabelle 6.2) nach unten ab. Diese Abweichungen sind allerdings im Rahmen der Messungenauigkeiten (beispielsweise 7% bei Tulcynski et al. [Tyl92]) vertretbar.

Wenn man die Tetraeder genau anschaut, findet eine Verzerrung der $[CuCl_4]^{2-}$ Tetraeder in Abhängigkeit der Temperatur statt. Man kann überlegen, ob die Ausdehnung des Tetraeders mittels der gewonnenen Daten der Röntgenpulverdiffraktometrie in Abhängigkeit von der Temperatur darstellbar ist, um gegebenenfalls einen Zusammenhang dieser Ausdehnung mit dem Maximum des anomalen Verhaltens der Gitterkonstanten herzustellen. Allerdings lässt das Ergebnis der Verfeinerung der Atompositionen für den $[CuCl_4]^{2-}$ Tetraeder in Abhängigkeit von der Temperatur noch keine schlüssige Erklärung zu. Zusammen mit einer anderen Analyse-Methode bei unterschiedlichen Temperaturen (zum Beispiel der Spektroskopie) kann diese Frage vielleicht beantwortet werden. Die

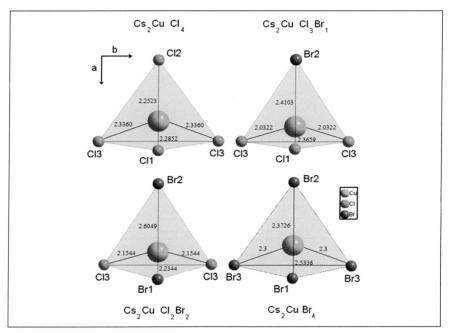

Abbildung 6.5: $[CuX_4]^{2-}$ Tetraeder für vier Zusammensetzungen (aus den Daten der Röntgenpulverdiffraktometrie bei 20 K) mit eingezeichneten Abständen von Cu^{2+}-Liganden in Å

Abstände zwischen Cu^{2+} und den Liganden wurde bereits in der Vergangenheit unter Benutzung dieser Methode beschrieben. Wie aus der Literatur [Sob09, S.48] bekannt, hat der Einkristall Cs_2CuCl_4 ein Maximum im Absorptionsspektrum bei 239 nm, was die Größe der Abstände zwischen Cu^{2+} und Cl^- in dem Tetraeder wiedergibt. Zum Beispiel werden für die Verbindung $Cs_3Cu_2Cl_7 \cdot 2H_2O$ in der Literatur zwei Maxima bei 229 nm und 290 nm im Absorptionsspektrum erwähnt, so dass es zwei unterschiedliche Abstände zwischen Cu^{2+} und Cl^- in der Umgebung des Kupfers bei dieser Verbindung gibt.

Eine Untersuchung der Verzerrung der Tetraeder für die vorgenannten vier Zusammensetzungen in Abhängigkeit von dem Br Gehalt wurde anhand der gewonnenen Daten aus der Röntgenpulverdiffraktometrie durchgeführt.

In Abbildung 6.5 sind vier Tetraeder, deren Daten aus der Verfeinerung bei 20 K genommen wurden, dargestellt. Sie weisen unterschiedliche Verzerrungsmerkmale auf. Schon aus dem Grund, dass in dem Tetraeder unterschiedliche Halogene involviert sind, erfolgte eine Verzerrung. Alle Tetraeder werden senkrecht zur ab-Ebene gezeigt und sind auf die Höhe normiert.

Tabelle 6.3:   Veränderung der Abstände und Winkel von Cu^{2+} zu Cu^{2+}

	$CuCl_4$-Tetraeder			$CuBr_4$-Tetraeder		
	Cu-Cl(Å)	$\alpha(°)$ Cu-Cl-Cl	Cl-Cl-(Å)	Cu-Br (Å)	$\alpha(°)$ Cu-Br-Br	Br-Br-(Å)
280K	2.204	151.9	3.721	2.307	155.8	3.746
20K	2.336	154.9	3.262	2.300	153.9	3.721
	$CuCl_3Br_1$-Tetraeder			$CuCl_2Br_2$-Tetraeder		
	Cu-Cl (Å)	$\alpha(°)$ Cu-Cl-Cl	Cl-Cl- (Å)	Cu-Br (Å)	$\alpha(°)$ Cu-Br-Br	Br-Br (Å)
280K	2.121	152.9.	3.871	2.312	159.3	3.423
20K	2.032	155.1	3.865	2.154	152.8	3.799

Man sieht, dass der Tetraeder mit einem Br-Atom auf der Spitze in Richtung b-Achse etwas gestaucht und in Richtung a-Achse etwas gedehnt ist. Der nächste Tetraeder mit zwei Br-Atomen ist noch mehr in Richtung b-Achse gestaucht und in Richtung a-Achse gestreckt. Der letzte Tetraeder mit ausschließlich Br-Atomen hat wieder die Gestalt, die auch der Tetraeder mit Cl-Atomen, der einen regulär Jahn-Teller verzerrten Tetraeder darstellt, hat. Es fällt auf, dass die Cu-Atome jeweils ihre Position in dem Tetraeder mit unterschiedlichen Br Dotierungen ändern. In jedem Tetraeder sind die Abstände zwischen Cu^{2+} und dem involvierten Liganden an der Spitze des Tetraeders eingetragen. Man sieht, dass sich die vorgenannten Abstände zwischen Cu^{2+} und den involvierten Liganden an der Spitze des Tetraeders, die eine heterogene Liganden-Umgebung darstellen, im Gegensatz zu einer homogenen Liganden-Umgebung stark ändern. Mit Hilfe hochauflösender Untersuchungsmethoden, beispielsweise der Neutronenstreuung, kann man eine Veränderung dieser Abstände näher untersuchen.

Wenn man jetzt den Weg von Cu^{2+} zu Cu^{2+} über Cl-Cl oder Cl-Br anschaut, der entlang der Richtung der b-Achse (stärkste Austauschwechselwirkung) entsteht, beobachtet man die Veränderung der Abstände und auch die Winkel, die durch die Br Substitution entstehen. In Tabelle 6.3 werden einige geometrische Parameter der CuX4 Tetraeder bei 280 K und 20 K gezeigt.

Aus der Tabelle 6.3 geht hervor, dass die $[CuCl_4]^{2-}$ Tetraeder bei 20 K im Gegensatz zur Temperatur von 280 K flacher werden. Die $[CuBr_4]^{2-}$ Tetraeder bleiben bei einer Temperaturänderung fasst unverändert. Ganz anderes ist dies bei den gemischten Tetraedern. Die beiden $[CuCl_3Br_1]^{2-}$ und $[CuCl_2Br_2]^{2-}$ Tetraeder werden bei einer Temperaturänderung spitzer.

Aus den Ergebnissen der Untersuchung stellte sich die Frage, ob die kleinen strukturellen Änderungen für die signifikanten Veränderungen der indirekten Austauschwechselwirkung verantwortlich sind. Um diese Frage zu beantworten, wurden theoretische Berechnungen angestellt. Um den Effekt dieser strukturellen Variationen zu untersuchen, wurden die Kopplungskonstanten in Cs_2CuCl_4 und Cs_2CuBr_4 mit DFT, unter Verwendung der Daten der Tieftemperaturstruktur, berechnet.

Anschließend wurden die Ergebnisse mit denen der DFT Berechnung, die die Daten der Hochtemperaturstruktur zu Grunde gelegt haben, verglichen. Die DFT Berechnungen haben gezeigt, dass die Kopplungskonstanten eine starke Abhängigkeit von den strukturellen Details der Struktur, insbesondere in Bezug auf die Geometrie des CuX4 Tetraeders, aufweisen. Die Ergebnisse der Berechnung für J'/J des Cs_2CuCl_4 haben 0.384 ergeben. Dies ist den experimentellen Ergebnissen von 0.34 sehr nah. Bei Cs_2CuBr_4 ergab dieses Verhältnis einen Wert von 0.64. Wenn man dieses Ergebnis mit den experimentellen Ergebnissen aus der Literatur, zum Beispiel 0.74 bei Ono et al. [Ono05] oder 0.41 bei von Zvyagin et al. [Zvy06] vergleicht, stellt man fest, dass die in den Experimenten gewonnen Werte und die Literaturwerte weit streuen. [Foy11].

Zusammenfassung

Die Tieftemperaturuntersuchungen von ausgewählten Verbindungen des Mischsystems haben ergeben, dass kein Phasenübergang im untersuchten Temperaturbereich beobachtet werden konnte. Es wurde eine Anisotropie der relativen Ausdehnung der Gitterkonstanten festgestellt, die für Cs_2CuBr_4 am kleinsten ist.

Im Weiteren wurde die thermische Ausdehnung der Gitterkonstanten, die aus den röntgenografischen Daten berechnet wurde, analysiert. Anomales Verhalten der thermischen Ausdehnung in Richtung der b-Achse wurde bei der Zusammensetzung Cs_2CuCl_4 festgestellt. Die kleinste Anisotropie der thermischen Ausdehnung zeigt sich bei der Zusammensetzung Cs_2CuBr_4 [Wel15].

7 Physikalische Eigenschaften der orthorhombischen und tetragonalen Phase des Mischsystems

In diesem Kapitel werden die magnetischen Messungen für die orthorhombische und tetragonale Phase des Mischsystems vorgestellt.

Die orthorhombische Phase des Mischsystems ist wie eine Schichtstruktur aufgebaut. Beispielsweise resultieren in Cs_2CuCl_4 die Frustrationseffekte aus einer dominanten antiferromagnetischen Wechselwirkung mit J= 0.374(5)meV [Col03] entlang der b-Achse gemeinsam mit einer zweiten Wechselwirkung auf der Ebene mit J' ~ J/3 entlang einer diagonalen Verbindung auf bc-Ebene. Andere magnetische Verbindungen in diesem Material, wie die anisotrope DM-Wechselwirkung und die Wechselwirkung zwischen den Ebenen - J'', sind mehr als eine Größenordnung kleiner als die dominanteste Wechselwirkung J.

Die Frage nach magnetischen Eigenschaften des Mischsystems $Cs_2CuCl_{4-x}Br_x$ führt zu einer systematischen Studie beispielsweise der Suszeptibilitaet in diesem System. Angefangen von Cs_2CuCl_4 mit einer Ordnungstemperatur T_N=0.62K und einem feldinduzierten quantenkritischen Punkt (QCP) bei B_C ~ 8.5T (BIIa) bis zu isostrukturellen Zusammensetzung Cs_2CuBr_4 mit eine Ordnungstemperatur bei T_N=1.42K und einem korrespondierenden QCP bei B_C ~ 32T (BIIa) sind in diesem System viele Fragen auch nach Ordnungstemperatur und QCP offen. Für dieses Mischsystem ging man bisher davon aus, dass die Frustrationseffekte zunehmend wichtiger werden, wenn kontinuierlich Cl durch Br ersetzt wird.

In Abbildung 7.1 ist der Verlauf der Suszeptibilität für verschiedene Br Konzentrationen in Abhängigkeit von der Temperatur bei einem Magnetfeld von 1T zu sehen.

Die Differenz der Suszeptibilitätswerte, welche auf unterschiedliche Br Konzentrationen zurückzuführen ist, wird mit steigender Br Konzentration kleiner. Der Suszeptibilitätsverlauf zeigt für die Randsysteme, wie in Abbildung 7.1 beispielweise für Cs_2CuBr_4 zu sehen ist, nur ein Maximum. Im mittleren Br Konzentrationsbereich scheint es eine Überlagerung zu geben, so dass ein schwaches Maximum und eine Erhöhung am Ende der Suszeptibilität zu sehen ist. Die Position des Maximums ist von der Br Konzentration abhängig. Die Überlagerung kann durch eine Anisotropie der Messrichtung entstehen, zum Beispiel durch einen unterschiedlichen Verlauf der Suszeptibilität senkrecht und parallel zur Symmetrieachse der Tetraeder. Durch verschiedene Br Konzentrationen werden

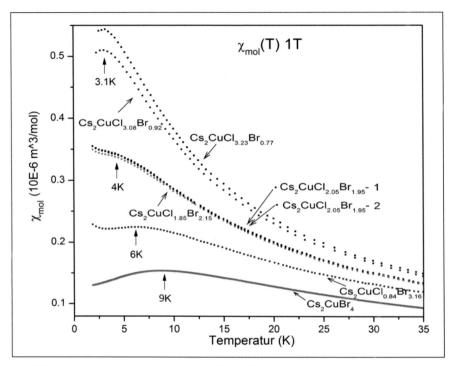

Abbildung 7.1: Verlauf der Suszeptibilität $\chi_{mol}(T)$ für verschiedene Br Konzentrationen als Funktion der Temperatur für 1 T. Mit 1 und 2 sind zwei verschiedene Proben gekennzeichnet, die aber die gleiche Zusammensetzung haben

die Tetraeder unsymmetrischer. Es erfolgt eine ungleichmäßige Besetzung der Orbitale, wodurch sich die Anisotropie der Suszeptibilität zu verändern scheint. Folglich würde sich auch die Superposition des Verlaufs der Suszeptibilität ändern und sichtbar werden. Solche Beispiele der Anisotropie der Suszeptibilität gibt es auch bei einigen anderen Verbindungen, wie beispielsweise bei Cs_3CoCl_5, Cs_2CoCl_4 oder bei der tetraedrische Umgebung von $[NiCl_4]^{2-}$ [Car77]. Weitere experimentelle Untersuchungen werden diesbezüglich derzeit noch durchgeführt.

Im Weiteren werden die magnetischen Messungen für die tetragonale Phase des Mischsystems vorgestellt, um das magnetische Verhalten der neuen tetragonalen Phase des Randsystems (Cs_2CuCl_4) zuzuordnen. Die Struktur dieser Phase wurde bisher noch nicht aufgeklärt, so dass man nur anhand der Ergebnisse der vorgenannten Untersuchungen auf eine tetragonale Struktur schließen kann.

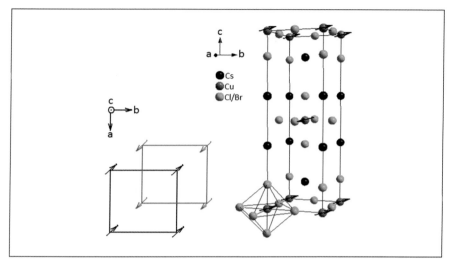

Abbildung 7.2: Links: Die schematische Darstellung der magnetischen Struktur in Richtung c-Achse für die tetragonale Phase. Rechts: Die auf den Strukturtyp I4/mmm übertragene schematische magnetische Struktur. Der Abstand der Cu-Ebenen, die zueinander versetzt sind, beträgt 8.33 Å

Deshalb bietet sich an, einen Vergleich der magnetischen Eigenschaften dieser Kristalle mit denen der Kristalle der tetragonalen Struktur des Mischsystems $Cs_2CuCl_{4-x}Br_x$, die sich im mittleren Konzentrationsbereich $1 \leq x \leq 2$ bei einer Züchtungstemperatur von $24\,°C$ aus wässriger Lösung bilden, durchzuführen. Die Ergebnisse dieser Untersuchung lassen vermuten, dass die Cu^{2+} Ionen eine oktaedrische Umgebung haben und Ebenen bilden. An dieser Stelle sind nochmals die vorläufigen Strukturinformationen dieser tetragonalen Phase (Cs_2CuCl_4) erwähnt: die Gitterkonstanten a = b = 5.259 Å und c = 5.47 Å.

Der Strukturtyp der tetragonalen Phase aus dem Mischsystem ist I4/mmm. In der nachfolgenden Abbildung (Abbildung 7.2) ist die Struktur für die Zusammensetzung $Cs_2CuCl_{2.6}Br_{1.4}$ mit den Gitterkonstanten a = b = 5.2651(7) Å und c = 16.660(4) Å dargestellt.

Dies bedeutet, dass in den Ebenen die Jahn-Teller verzerrten CuX6 Oktaeder (etwas gestaucht in Richtung c-Achse) zu jeder anderer Ebene senkrecht orientiert sind. Das führt zu einer dominanten ferromagnetischen Wechselwirkung innerhalb der Ebenen [Con13]. Es konnte noch nicht abschliessend geklärt werden, ob die neue tetragonale Phase von Cs_2CuCl_4 zu den Materialien gehört, bei denen in den Ebenen eine ferromagnetische Wechselwirkung und zwischen

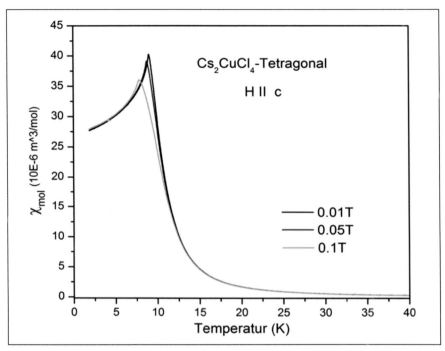

Abbildung 7.3: Verlauf der Suszeptibilität $\chi_{mol}(T)$ als Funktion der Temperatur für 0.01 T, 0.05 T und 0.1 T Magnetfeld

diesen Ebenen eine schwach antiferromagnetische Wechselwirkung auftritt. Solche Materialien werden bekanntlich als quasi 2D Ferromagnete beschrieben. Um eine Information über die Wechselwirkung zu erreichen, wurden Messungen der Suszeptibilität in verschiedenen magnetischen Feldern durchgeführt. In der Abbildung 7.3 ist die Suszeptibilität in Abhängigkeit von der Temperatur bei Magnetfeldern von 0.01 T, 0.05 T und 0.1 T zu sehen. Die Orientierung der c-Achse des Kristalls ist parallel zu dem Magnetfeld.

Die Übergangstemperatur zur antiferromagnetischen Ordnung (T_N) wird durch die Position des Maximums aus der Suszeptibilitätskurve bestimmt. Die ermittelte Temperatur in dem Fall, bei dem die c-Achse des Kristalls parallel zum Magnetfeld orientiert ist, beträgt jeweils $T_N = (9.00 \pm 0.5)$ K für die Feldstärke 0.01 T, $T_N = (8.75 \pm 0.5)$ K für 0.05 T und $T_N = (7.85 \pm 0.5)$ K für 0.1 T.

In der Abbildung 7.4 ist die Suszeptibilität in Abhängigkeit der Temperatur bei Magnetfeldern von 0.01 T, 0.05 T, 0.1 T zu sehen. Die Orientierung der c-Achse des Kristalls ist hier senkrecht zum Magnetfeld.

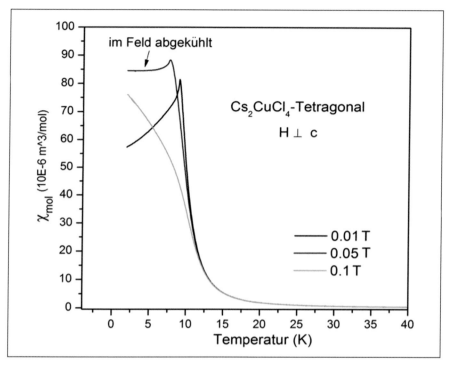

Abbildung 7.4: Verlauf der Suszeptibilität $\chi_{mol}(T)$ als Funktion der Temperatur für 0.01 T, 0.05 T, 0.1 T. Die c-Achse ist senkrecht zum Magnetfeld. Die graue Kurve zeigt eine Messung, in der die Probe zuvor in einem Magnetfeld von 0.05 T abgekühlt wurde

Auch bei diesen Messungen wird die Übergangstemperatur zum antiferromagnetischen Verhalten durch die Position des Maximums aus der Suszeptibilitätskurve bestimmt. Die ermittelte Temperatur beträgt für den Fall, dass die c-Achse des Kristalls senkrecht zu dem Magnetfeld orientiert ist, jeweils $T_N = (8.96 \pm 0.5)$ K für die Feldstärke 0.01 T, $T_N = (7.65 \pm 0.5)$ K für 0.05 T. Im Magnetfeld von 0.1 T sind alle Momente in Feldrichtung ausgerichtet. Die Werte für die senkrechte und parallele Ausrichtung der c-Achse im Magnetfeld zeigen, dass diese für 0.01 T sehr nahe beieinander liegen.

In Abbildung 7.5 ist das effektive magnetische Moment in Abhängigkeit von der Temperatur dargestellt und beträgt für diese tetragonale Phase-Cs_2CuCl_4, $\mu_{eff} = 1.96\ \mu_B$.

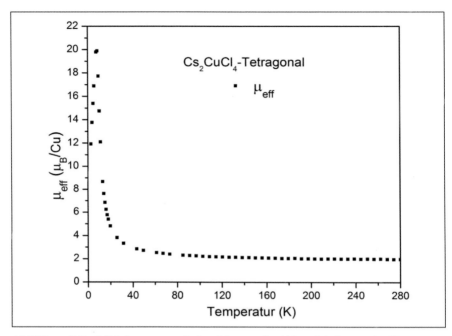

Abbildung 7.5: Effektives magnetisches Moment in Abhängigkeit von der Temperatur für die tetragonale Phase-Cs_2CuCl_4 (c-Achse steht senkrecht zum Magnetfeld)

Der Verlauf des effektiven magnetischen Momentes im Temperaturbereich von 2 K bis 40 K zeigt, dass es eine dominante ferromagnetische Wechselwirkung in dieser Phase gibt. Es ist aber auch deutlich zu sehen, dass das effektive magnetische Moment im Temperaturbereich von 150 K bis 280 K temperaturunabhängig ist. Dies deutet auf eine oktaedrische Umgebung des Kupfers hin.

Im Vergleich zum Temperaturverlauf des effektiven magnetischen Momentes der Verbindung $Cs_2CuCl_2Br_2$ [Con13] zeigt diese Aufnahme (siehe Abbildung 7.5) für die Verbindung Cs_2CuCl_4 die gleiche Temperaturabhängigkeit. Dies bestätigt nochmals die oktaedrische Umgebung von Kupfer in Cs_2CuCl_4.

In Abbildung 7.6 sind die Ergebnisse der Magnetisierung bei T = 2 K gezeigt. Diese steigt linear mit dem Feld bis das Sättigungsfeld für die senkrechte Ausrichtung der c-Achse des Kristalls im Magnetfeld $B_s = 0.1$ T erreicht wird. Die Sättigungsmagnetisierung beträgt $\mu_S = 1.09$ μ_B. Daraus ergibt sich $g_{Jsenk} = 2.18$. Für den Fall, dass die c-Achse des Kristalls parallel im Feld ausgerichtet ist, beträgt das Sättigungsfeld $B_s = 0.25$ T und die Sättigungsmagnetisierung $\mu_S = 1.02$ μ_B. Daraus ergibt sich $g_{Jpar} = 2.05$.

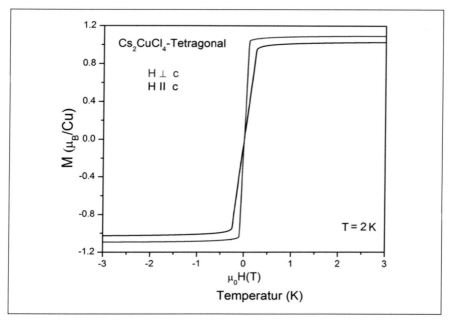

Abbildung 7.6: Magnetisierung bei T = 2 K für tetragonale Phase Cs_2CuCl_4

Die Kristalle zeigen eine starke Anisotropie zwischen der senkrechten und der parallelen Ausrichtung des Kristalls im Magnetfeld. Daraus wird deutlich, dass die Ausrichtung der magnetischer Momente entlang der ab-Ebenen ein kleineres Sättigungsfeld benötigen, als die, die senkrecht zu diesen Ebenen ausgerichtet sind. Ein solches Verhalten findet man üblicherweise in der Klasse von quasi 2D Ferromagneten, die durch eine schwache antiferromagnetische Wechselwirkung zwischen den Schichten charakterisiert sind. Dies führt zu einer antiferromagnetischen Ordnung der ferromagnetischen Ebenen.

Im Vergleich mit der tetragonalen Phase $Cs_2CuCl_{2.6}Br_{1.4}$ ist das Sättigungsfeld der tetragonale Phase Cs_2CuCl_4 viel kleiner. In Abbildung 7.7 sind die Ergebnisse der Magnetisierung bei T = 2 K zu sehen. Diese Magnetisierung steigt linear mit dem Feld, bis das Sättigungsfeld für die senkrechte Ausrichtung der c-Achse des Kristalls im Magnetfeld B_s = 1.17 T erreicht wird. Die Sättigungsmagnetisierung beträgt μ_S = 1.05 μ_B. Daraus ergibt sich g_{Jsenk} = 2.1. Für den Fall, dass die c-Achse des Kristalls parallel im Feld ausgerichtet ist, beträgt das Sättigungsfeld B_s = 1.35 T und die Sättigungsmagnetisierung μ_S = 1.01 μ_B. Daraus ergibt sich g_{Jpar} = 2.02.

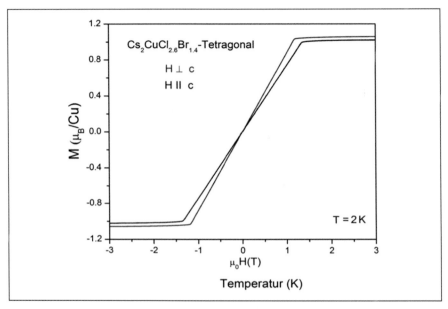

Abbildung 7.7: Magnetisierung bei $T = 2$ K für die tetragonale Phase $Cs_2CuCl_{2.6}Br_{1.4}$

Auch hier ist eine Anisotropie zwischen der senkrechten und der parallelen Ausrichtung des Kristalls im Magnetfeld zu sehen, die aber etwas kleiner ist, als bei Cs_2CuCl_4.

In der Abbildung 7.8 ist die Suszeptibilität in Abhängigkeit der Temperatur für die Zusammensetzung $Cs_2CuCl_{2.6}Br_{1.4}$ bei Magnetfeldern von 0.01 T, 0.05 T, 0.1 T und 1 T dargestellt. Die Orientierung der c-Achse des Kristalls ist parallel zu dem Magnetfeld.

Die Übergangstemperatur zur antiferromagnetischen Ordnung wird durch die Position des Maximums aus der Suszeptibilitätskurve bestimmt. Die ermittelte Temperatur in dem Fall, bei dem die c-Achse des Kristalls parallel zum Magnetfeld orientiert ist, beträgt jeweils $T_N = (10.47 \pm 0.5)$ K für die Feldstärke 0.01 T, $T_N = (10.47 \pm 0.5)$ K für 0.05 T, $T_N = (10.47 \pm 0.5)$ K für 0.1 T und $T_N = (6.66 \pm 0.5)$ K für 1 T.

Die Werte für T_N der hier untersuchten Verbindung $Cs_2CuCl_{2.6}Br_{1.4}$ korrespondieren mit der Br-dotierten tetragonalen Phase $Cs_2CuCl_{2.2}Br_{1.8}$, wie bereits oben erwähnt. Dabei sind die hier ermittelten Werte für T_N etwas kleiner. Beispielsweise ändert sich das Sättigungsfeld für den Fall, dass das Magnetfeld parallel zur c-Achse ausgerichtet ist, von 1.47 T für $Cs_2CuCl_{2.2}Br_{1.8}$ zu 1.35 T für $Cs_2CuCl_{2.6}Br_{1.4}$ und erreicht anschließend lediglich 0.25 T für Cs_2CuCl_4.

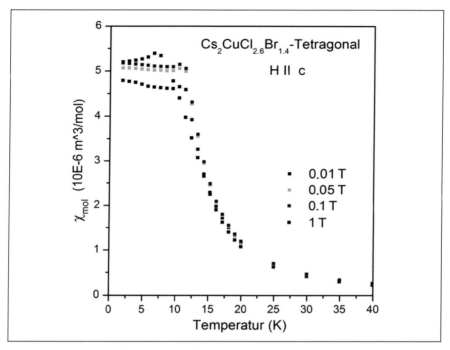

Abbildung 7.8: Verlauf der Suszeptibilität $\chi_{mol}(T)$ als Funktion der Temperatur für 0.01 T, 0.05 T, 0.1 T und 1 T

Diskussion und Ausblick

Das Verhältnis zwischen der Kopplung innerhalb der Ebene und der Kopplung zwischen den Ebenen dieser Perovskitstrukturen zeigt die Natur der magnetischen Ordnung. Durch chemischen oder hydrostatischen Druck kann man dieses Verhältnis abstimmen.

Durch die Br Dotierung verändert man nur geringfügig die Abstände zwischen den Ebenen. Allerdings ändert sich die Cu^{2+} Umgebung stark. Die Cu^{2+} Umgebung besteht aus $CuX6$ Oktaedern, die für die Zusammensetzungen der tetragonalen Phase des $Cs_2CuCl_{4-x}Br_x$ Mischsystems, die mit Cl- und Br-Atomen aufgebaut ist, verantwortlich sind. Zu der Jahn-Teller Verzerrung der Oktaeder in diesem System kommt noch eine zusätzliche Verzerrung durch die unterschiedlichen Liganden, aus denen der Oktaeder besteht. In diesem Falle spiegelt sich im magnetischen Verhalten die Veränderung der Cu^{2+} Umgebung wider. Mit steigendem Br Gehalt steigt auch das Sättigungsfeld, welches senkrecht zu den ferromagnetischen Ebenen gemessen wurde. Damit erhöht sich mit steigen-dem Br Gehalt die antiferromagnetische Kopplung zwischen den Ebenen.

Man kann sich vorstellen, dass eine Verringerung der Abstände zwischen den Schichten, beispielsweise durch Druck, zu einer ferromagnetischen Ordnung führt. Allerdings ist aus der Literatur bekannt, dass anliegender Druck zu einem Wechsel von einer ferromagnetischen zu einer antiferromagnetischen Wechsel-wirkung führt. Ein Beispiel hierfür sind die ferromagnetischen Verbindungen $(CH_3NH_3)_2CuCl_4$ und $CsMnF_4$. Zudem führt anliegender Druck zu einem An-stieg von T_N [Agu03]. Neben der Veränderung der Materialeigenschaften auf Basis der Änderung der Abstände zwischen den Ebenen gibt auch eine Verände-rung der Cu^{2+}-Umgebung einen Einblick in die Zusammenhänge von ferromag-netischen und/oder antiferromagnetischen Wechselwirkungen für diese Art von Verbindungen. Zudem führt das Verstehen dieser Wechselwirkungen zu einem neuen Parameter bei der Entwicklung neuer Materialien in dieser Materialklasse.

Bis heute wurde noch nicht herausgefunden, welche strukturellen Anforde-rungen zwischen den Ebenen beispielsweise zu einer ferromagnetischen Wech-selwirkung bei Cu^{2+} führen. Die lokale Umgebung von Cu^{2+} ist damit für das magnetische Verhalten sehr wichtig. Bei einer idealen Perovskitstruktur beträgt der Winkel zwischen benachbarten Cu-Atomen 180°.

Um das magnetische Verhalten der tetragonalen Phase Cs_2CuCl_4 zuzuord-nen, ist es notwendig, die Struktur vollständig aufzuklären. Die tetragonale Phase Cs_2CuCl_4 eignet sich zudem im Zusammenhang mit der tetragonalen Phase des Mischsystems, den Einfluss der Cu^{2+} - Umgebung auf die magnetischen Eigen-schaften dieser geschichteten Strukturen zu studieren.

8 Einkristalle mit Kronenethermolekülen: Züchtung und Eigenschaften

8.1 Substitution mit Kronenethermolekülen

Das A2CuX4 System chemisch zu modifizieren, wird motiviert durch das Zusammenspiel zwischen magnetischen Frustrationseffekten und quantenkritischem Verhalten in der Nähe eines Magnetfeld-induzierten quantenkritischen Punktes. Die Salzverbindungen Cs_2CuCl_4 und Cs_2CuBr_4 sieht man als ein Modell für isostrukturell geschichtete Verbindungen. In diesen sind die Schichten der abgeflachten Tetraeder $[CuX4]^{2-}$ durch Zwischenschichten der Cs^+ Ionen getrennt. Die Tetraeder bilden Ketten, welche durch die stärkste Austauschkopplungskonstante (J) entlang der Kette gekennzeichnet sind. Die Austauschkopplungskonstante (J') zwischen den Ketten in der Ebene ist generell ungefähr drei Größenordnungen schwächer. Die Schichten sind untereinander mit noch „schwächerer" Austauschkopplungskonstante (J'') gekoppelt. Um die Schichten vollständig voneinander zu entkoppeln, will man die Abstände zwischen den Schichten vergrößern, indem man größere Ionen als Cs^+ einbaut. Aus diesem Grund wurde die Klasse der Kronenether oder Kryptanden als mögliche Substitutions-Moleküle gesehen.

Die Zahl der Bindungen eines Liganden an ein Metallion wird als Zähnigkeit bezeichnet. Einzähnige Liganden können beispielsweise einatomige Liganden oder auch mehratomige Moleküle mit nur einem Ligandenatom sein. Das Ligandengerüst beinhaltet mindestens zweizähnige Liganden. Diese werden als Chelatliganden bezeichnet. Die Kombination von mehr als zwei Ligandenatomen kann zu Ringstrukturen führen, die als makrocyclische Ligandentypen bezeichnet werden. Ein klassisches Beispiel für flexible makrocyclische Liganden sind die Kronenether.

Kronenethermoleküle haben die besondere Eigenschaft, Komplexe mit Alkali-Metall-Ionen und Salzen zu bilden [Ped72]. Zusammengehalten werden solche Komplexe durch Coulomb-Kräfte zwischen dem Kation und den negativen Enden der C-O-Dipole. Die Ladungsdichte des Kations und die Solvatationsstärke des Mediums in der Lösung geben Auskunft darüber, wie gut das Kation in den Kronenetherring hineinpasst. Es gibt sehr viele Kronenetherverbindungen, in denen 4 bis 20 Sauerstoffatome durch jeweils zwei oder mehr Kohlenstoffatome voneinander getrennt sind. Kronenether mit 4 bis 10 Sauerstoffatomen, zwischen

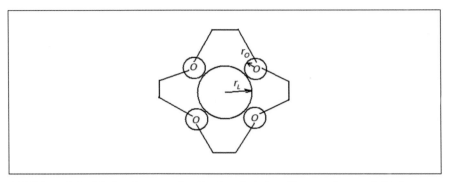

Abbildung 8.1: Die Bestimmung der „Lochgröße" eines Kronenethers nach Vorlage von
Lutz und Gade [Lut98, S.376]

denen sich jeweils zwei Kohlenstoffatome befinden, eignen sich besonders gut
zur Komplexbildung. Diese Verbindungen bilden mit Salzen 1 : 1 Komplexe.
Das Kation ist dann von Sauerstoffatomen des Kronenetherrings umschlossen.
Es gibt auch 2 : 1 oder 3 : 2 Kronenether-Salz-Komplexe.

Die optimale Komplexierung setzt die richtige Abstimmung zwischen der
Größe der Bindungsstelle und dem Ionenradius voraus. Damit kann man erwarten, dass es eine Selektivität im Bindungsvermögen der Kronenether gegenüber
verschiedenen Metallionen gibt. Für Kronenether gibt es Angaben der „Lochgröße". Diese wird dann geometrisch bestimmt. Aus dem Radius dieser „Lochgröße" ist ersichtlich, welchen Radius ein Ion haben muss, so dass es am besten
passt. In Abbildung 8.1 wird die Bestimmung der „Lochgröße" eines Kronenethers gezeigt.

Nach Abzug der Radien der Sauerstoffatome ergibt sich der Radius des
einbeschriebenen Kreises (des Lochs), in dem die Ionen gebunden werden. Der
Begriff „Lochgröße" ist sinnvoll für planare Anordnungen, da in den meisten
Fällen die Konformationsänderungen dazu führen, dass verzerrte Anordnungen
entstehen. Die Interpretation der Bindungsselektivität lediglich mit der „Lochgröße" reicht für diese Anordnungen nicht aus.

Die Überlegung, dass das Cs^+ Ion durch einen Kronenetherkomplex ersetzt
werden kann, beruht auf der Vergleichbarkeit der Durchmesser, da die Struktur
erhalten werden sollte. Das Cs^+ Ion hat einen Durchmesser von 334 pm. Der
Durchmesser von beispielsweise [18]krone-6 ($C_{12}H_{24}O_6$) beträgt 260-320 pm.
Das Kation ist etwas zu groß, um in den Polyetherring hineinzupassen. Durch die
relativen A^+-O^- Bindungsstärken (A steht für Ion), die nicht nur von der relativen
Lochgröße abhängen (Lochgrößeneffekt), kann die Polyether-Kation-Kombination als 2 : 1 Kombination gebildet werden. Andererseits hat beispielsweise
[21]krone-7 ($C_{14}H_{28}O_7$) einen Durchmesser 340-430 pm, so dass in diesem Fall

das Cs^+ Kation gut in den Polyetherring hinein passt. Es wird eine Polyether-Kation-Kombination von 1 : 1 gebildet. Diese, wie auch der vorgenannte 2 : 1 Komplex sind als Ersatz für das Cs^+ Ion für die gewünschte Pnma-Struktur zu groß.

Das kleinste Kronenmolekül ist [12]krone-4 ($C_8H_{16}O_4$) mit einem Durchmesser der Öffnung des Polyetherrings von 120-150 pm. Mit diesem kann man zum Beispiel mit einem Li^+ Ion die kleinste Polyether-Ion-Kombination realisieren. Diese Kombination weist je nach Verzerrung einen Außendurchmesser zwischen 400 pm und 700 pm auf. Dabei kann das Li^+ Ion nicht nur in der Ebene der Krone liegen, sondern in einem gewissem Abstand, der maximal 400 pm bis 500 pm beträgt, von der Ebene der Sauerstoffatome abstehen. In Abbildung 8.2 a) sind zwei Beispiele von [18]krone-6 mit Cs^+ und [12]krone-4 mit Li^+ als mögliche Polyether-Kation-Kombinationen, wie auch beispielsweise 2 : 1 und 1 : 1, schematisch dargestellt. In Abbildung 8.2 b) ist die Pnma-Struktur von Cs_2CuCl_4 in Richtung der b-Achse dargestellt, wobei die mit dunkelblau gekennzeichneten Cs-Atome durch Polyether-Ion-Kombinationen ersetzt werden sollen.

Die Komplexbildung wird durch ihre Stabilität oder Stärke charakterisiert. Ein messbarer Wert dafür ist die Stabilitätskonstante des Polyether-Kation-Komplexes in der Lösung. Beispielsweise konkurrieren in wässriger Lösung die Prozesse Hydratation und Komplexbildung miteinander. Eine niedrige Solvatationsstärke führt dann zu größeren Stabilitätskonstanten.

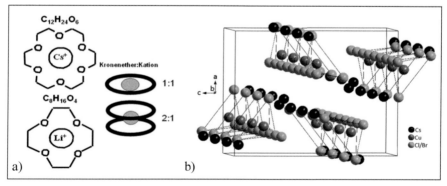

Abbildung 8.2: a) Polyether-Kation-Kombination [18]krone-6 mit Cs^+ und [12]krone-4 mit Li^+ und schematische Darstellung der Polyether-Kation-Kombinationen 2 : 1 und 1 : 1, b) Pnma-Struktur von Cs_2CuCl_4 in Richtung b-Achse, wobei die mit schwarz gekennzeichneten Cs-Ione durch Polyether-Ion-Kombinationen ersetzt werden sollen

Die thermodynamische Stabilität von Koordinationsverbindungen wird durch die Gleichgewichtskonstanten der Bildungsgleichgewichte oder Dissoziationsgleichgewichte beschrieben (M-Metallion und L-Ligand):

$$M^{m+} + L^- \; \rightleftharpoons \; [ML]^{(m-1)+} \qquad\qquad K = \frac{\left[[ML]^{(m-1)+}\right]}{[M^{m+}][L^-]} \equiv \frac{[ML]}{[M][L]}$$

Wie gut die Komplexbildung von makrocyclischen Liganden und Metallionen in der Lösung ist, geben die Stabilitätskonstanten der Polyether-Kation-Komplexe wieder. Die Stabilitätskonstanten können beispielsweise durch kalorimetrische Titration oder spektroskopische Methoden bestimmt werden. Die kleineren Kationen haben hohe Ladungsdichten und üben starke Anziehungskräfte sowohl auf die Wasser-, als auch auf die Polyethermoleküle in der Lösung aus. Die größeren Kationen haben eine niedrige Ladungsdichte. Die Anziehungskräfte auf die Polyether- und Wassermoleküle sind schwach [Lut98, S.344].

Die Stabilitätskonstanten der Polyether-Kationen-Komplexe entsprechen den Gleichgewichtskonstanten der Reaktionen. Die Gleichgewichtskonstanten K_n der Komplexe sind thermodynamische Größen. Diese Konstanten geben Aufschluss über thermische Struktur-Wirkungsbeziehungen der Komplexe und sind meist logarithmisch tabelliert:

$$pK_n = -\lg(K_n).$$

Die Stabilitätskonstante erreicht ihr Maximum, wenn das Kation in den Polyetherring passt und die Ladungsdichte in der Ebene der Ethersauerstoffatome maximal wird [Ped72].

Neben der wässrigen Lösung ist ein weiteres Lösungsmittel Methanol, in dem die Polyether-Kation-Komplexe stabil bleiben. Die Stabilitätskonstanten sind um mehrere Potenzen größer als in wässriger Lösung, weil in Methanol die Solvatationsstärke geringer ist als in Wasser. Zum Beispiel ist die Stabilitätskonstante von [15]krone-5 ($C_{10}H_{20}O_5$) und Na-Kation in Wasser bei 25°C kleiner als 0.3 l/mol bezogen auf einen 1 : 1 Komplex. Dagegen beträgt die Stabilitätskonstante in demselben Polyether-Kation-Komplex in Methanol bei 25°C 3.7 l/mol [Ped72].

Um den Einfluss der verschiedenen Lösungsmittel auf die Kristallisationsprozesse und die entstehenden Zusammensetzungen festzustellen, wurden neben der wässrigen Lösung auch Acetonitril und eine 1 : 1 Lösungsmischung aus 1-Propanol und 2-Propanol als Lösungsmittel verwendet. Konkrete Beispiele werden im Folgenden vorgestellt. Die Auswahl der Lösungsmittel erfolgte nach Literaturrecherche. Die hier verwendeten Lösungsmittel stellen nur einen kleinen Teil der möglichen Lösungsmittel für diese Art der Kristallisationsversuche dar.

Die Lösungszüchtung kann zudem auch stattfinden, indem man nacheinander verschiedene Lösungsmittel für die Züchtung verwendet. Zunächst wird eine Salzverbindung mit Kronenether hergestellt. Danach wird diese Salz-Kronenetherverbindung in einem anderen Lösungsmittel mit geringerer Solvationsstärke gelöst, wobei gleichzeitig Kupferchlorid oder Kupferbromid zugegeben wird. Auch Züchtungsmethoden bei unterschiedlichen Temperaturen sind als weitere Züchtungsalternativen denkbar, die hier allerdings nicht weiter beschrieben werden.

Bisher wurden im Rahmen der Untersuchungen beispielsweise $Cs_2(C_{12}H_{24}O_6)(H_2O)_2Cl_2 \cdot 2H_2O$ und $Cs(C_{12}H_{24}O_6)(H_2O)Br \cdot H_2O$ gezüchtet, welche zwei neue, bisher noch nicht bekannte Salz-Kronenetherverbindungen darstellen [Wel14]. Weitere Züchtungsversuche mit diesen Verbindungen mit unterschiedlichen Lösungsmitteln sind noch nicht abgeschlossen.

8.1.1 Kristallzüchtung aus wässriger Lösung von $Cs_2(C_{12}H_{24}O_6)(H_2O)_2Cl_2 \cdot 2H_2O$ und $Cs(C_{12}H_{24}O_6)(H_2O)Br \cdot H_2O$

Für die Kristallisation aus wässriger Lösung der Verbindung $Cs(C_{12}H_{24}O_6)(H_2O)Br \cdot H_2O$ wurde Cäsiumbromid und [18]krone-6 in einem molaren Verhältnis 1 : 1 verwendet. Für die Verbindung $Cs_2(C_{12}H_{24}O_6)(H_2O)2Cl_2 \cdot 2H2O$ wurde Cäsiumchlorid, [18]krone-6 und $CuCl_2 \cdot 2H_2O$ in einem molaren Verhältnis 5 : 1 : 1 verwendet. Für die Züchtung wurden folgende Grundsubstanzen verwendet: CsCl, CsBr, $CuCl_2 \cdot 2H_2O$ und [18]krone-6.

Die Züchtung wurde mit der Verdunstungsmethode bei Zimmertemperatur durchgeführt. Nach der Herstellung der wässrigen Lösung dauerte die Kristallisation ein bis zwei Monate. Die gezüchteten Kristalle sind transparent und zwischen 1 mm und 5 mm groß, wie in Abbildung 8.3 zu sehen ist.

Die $Cs_2(C_{12}H_{24}O_6)(H_2O)_2Cl_2 \cdot 2H_2O$ Kristalle bilden sich nur, wenn sich $CuCl_2 \cdot 2H_2O$ in der Lösung befindet. Interessant ist, dass sich Cu nicht in die Struktur einbaut.

Die Ergebnisse der EDX-Analyse sind in der Tabelle 8.1 für die Verbindungen $Cs(C_{12}H_{24}O_6)(H_2O)Br \cdot H_2O$ und $Cs_2(C_{12}H_{24}O_6)(H_2O)2Cl_2 \cdot 2H_2O$ gezeigt. Das Verhältnis zwischen Cs und Br bzw. Cl ist 1 : 1 bei diesen beiden Verbindungen. Cu wurde bei der EDX-Analyse nicht gefunden.

Tabelle 8.1:   Das Verhältnis Cs zu Br und Cs zu Cl in den untersuchten Kristallen (durchgeführt mittels EDX-Analyse)

Verbindung	Element	at%
$Cs(C_{12}H_{24}O_6)(H_2O)Br \cdot H_2O$	Cs	52
	Br	48
$Cs_2(C_{12}H_{24}O_6)(H_2O)_2Cl_2 \cdot 2H_2O$	Cs	48
	Cl	52

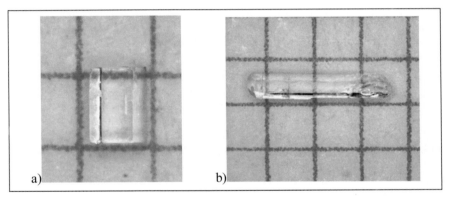

Abbildung 8.3: Einkristalle auf Milimeterpapier aus wässriger Lösung: $Cs_2(C_{12}H_{24}O_6)(H_2O)2Cl_2 \cdot 2H_2O$ und b) $Cs(C_{12}H_{24}O_6)(H_2O)Br \cdot H_2O$

Abbildung 8.4: Züchtung bei 50°C von $Cs_2(C_{12}H_{24}O_6)(H_2O)2Cl_2 \cdot 2H_2O$

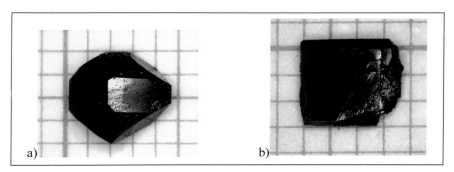

Abbildung 8.5: Zwei gezüchtete Kristalle aus derselben wässrigen Lösung (3 : 1 : 1 CsBr - CuBr2 - [18]krone-6): a) Kristall mit noch ungeklärter Struktur, b) $C_{36}H_{72}Cs_2O_{18},2(C_{24}H_{48}Br_4Cs_2CuO_{12}),Br_6Cu_2$

In Abbildung 8.6 sind zwei Diffraktogramme dieser Verbindungen im Vergleich zueinander zu sehen. Es ist gut zu erkennen, dass die beiden Verbindungen eine gute Kristallinität aufweisen und unterschiedliche Strukturen haben.

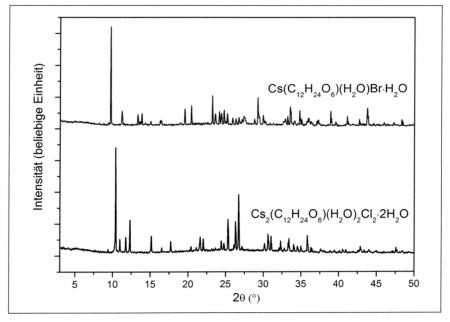

Abbildung 8.6: Röntgenpulverdiffraktometrie von $Cs_2(C_{12}H_{24}O_6)(H_2O)_2Cl_2\cdot 2H_2O$ und $Cs(C_{12}H_{24}O_6)(H_2O)Br\cdot H_2O$

Da die beiden Verbindungen noch unbekannt waren, erfolgte eine Einkristallstrukturanalyse [Wel14]. Die Zusammensetzung

$$Cs_2(C_{12}H_{24}O_6)(H_2O)_2Cl_2 \cdot 2H_2O$$

besitzt die orthorhombische Struktur Cmcm mit den Gitterkonstanten a = 14.2567(6)Å, b = 10.4542(4) Å und c = 16.0386(5) Å. Das Volumen der Elementarzelle beträgt 2390.43(16)Å³. Die asymmetrische Einheit besteht aus einem Cs-Kation (auf der kristallographischen Spiegelebene, senkrecht zur a-Achse), einem Cl-Liganden (auf der kristallographischen Spiegelebene, senkrecht zur c-Achse), einem Kronenetherring (spezielle Position mit einer Symmetrie 2/m) und zwei H_2O-Molekülen auf der Spiegelebene, wobei sich das erste senkrecht zur a-Achse und das zweite senkrecht zur c-Achse befindet. Der Kronenetherring koordiniert zwei Symmetrie-äquivalente Cs-Kationen durch seine sechs O-Atome. Dabei ergibt sich ein Abstand zwischen Cs-O von 3.227(3)Å bis 3.603(3)Å. Das Cs-Kation ist darüber hinaus mit einem O-Atom des H_2O-Moleküls und zwei Cl-Liganden verbunden. Die Cs-Cl-Cs-Cl Bindungen bilden eine viereckige Ebene, wobei die Winkel zwischen Cs und Cl fast 90° sind. Der Cs-Cl-Cs Winkel beträgt 87.13(2)° und der Cl-Cs-Cl Winkel 92.57(2)° (siehe Anlage 8.1).

Die Zusammensetzung

$$Cs(C_{12}H_{24}O_6)(H_2O)Br \cdot H_2O$$

besitzt eine monokline Struktur $P2_1/n$ mit den Gitterkonstanten a = 10.7379(5) Å, b = 8.4198(3) Å, c = 21.4724(11) Å und β = 97.618(4)°. Das Volumen der Elementarzelle beträgt 1924.21(15) Å³. Die asymmetrische Einheit besteht aus einem Kronenetherring, in dem das Cs-Kation durch die sechs O-Atome des Kronenetherrings koordiniert ist. Der Abstand Cs-O liegt zwischen 3.028(2) Å und 3.2682(1) Å. Dabei liegt das Cs-Kation nicht in der Ebene, die durch die sechs O-Atome des Kronenetherrings gebildet werden. Auf der anderen Seite ist das Cs-Kation mit zwei Br-Liganden und einem H_2O-Molekül verbunden. So bilden zwei Cs-Kationen, die mit Kronenether koordiniert sind, mit zwei Br-Liganden ein zentrosymmetrisches Dimer. Auch hier bilden Cs-Br-Cs-Br eine viereckige Ebene, wobei der Winkel zwischen Cs-Br-Cs 104.13(1)° und der Winkel zwischen Br-Cs-Br 75.87(1)° beträgt. Ein weiteres Wassermolekül ist mit dem Cs-Kation nicht koordiniert, da der Abstand zwischen beiden zu groß ist. Anlage 8.1 zeigt das Strukturbild der asymmetrischen Einheit für die beiden Zusammensetzungen.

Um den Einfluss der Züchtungstemperatur auf das Kristallwachstum zu untersuchen, wurde die Züchtungstemperatur auf 50°C erhöht. Wie in Abbildung 8.4 (S. 138) zu sehen ist, erhielt man Kristalle, die länger als 1 cm sind. Diese sind länger als die Kristalle, die in der gleichen Zeit bei Zimmertemperatur wuchsen. Zum Vergleich siehe Abbildung 8.3 (S. 138).

Die Wachstumsrichtung der Kristalle, die bei 50°C gewachsen sind, kann man mit einer Laue-Aufnahme bestimmen. Mittels Analyse der Laue-Aufnahme wurde eine Wachstumsrichtung, die parallel zur c-Achse verläuft, festgestellt.

8.1.2 Kristallisationszüchtung aus wässriger Lösung des Systems CsBr-[C$_{12}$H$_{24}$O$_6$]-CuBr$_2$

Für den nächsten Kristallisationsversuch aus wässriger Lösung wurde Cäsiumbromid, [18]Krone-6 und CuBr$_2$ in einem molaren Verhältnis 3 : 1 : 1 verwendet. Für die Züchtung wurden folgende Grundsubstanzen verwendet: CsBr, CuBr$_2$ und [18]krone-6. Die Züchtung wurde mit der Verdunstungsmethode bei Zimmertemperatur durchgeführt. Nach der Herstellung der wässrigen Lösung dauerte die Kristallisation etwa einen Monat. Die gezüchteten Kristalle sind zwischen 1 mm und 5 mm groß und nicht transparent, wie in Abbildung 8.5 (S. 139) zu sehen ist. Die Zusammensetzung der Kristalle wurde mittels EDX-Analyse ermittelt. Die Ergebnisse sind in der Tabelle 8.2 dargestellt.

Tabelle 8.2: Zusammensetzung der beiden Kristalle der Abbildung 8.5 aus derselben wässrigen Lösung (3 : 1 : 1, CsBr - CuBr$_2$ - [18]krone-6)

Verbindung	Element	at%
Kristall mit ungeklärter Struktur	Cs	27
	Br	53
	Cu	20
C$_{36}$ H$_{72}$ Cs$_2$ O$_{18}$,2(C$_{24}$ H$_{48}$ Br$_4$ Cs$_2$ Cu O$_{12}$),Br$_6$ Cu$_2$	Cs	25
	Br	57
	Cu	18

Die beiden Kristalle unterscheiden sich nur wenig in der Zusammensetzung. Allerdings kann man bei diesen Kristallen anhand der Ergebnisse der EDX-Analyse nicht auf die absolute Zusammensetzung schließen, da die Analyse der leichten Elemente, wie Kohlenstoff und Sauerstoff nicht hinreichend genau (unter Berücksichtigung des Aufbaus des Gerätes und des Detektors) ermittelt werden kann. Allerdings kann man bei dieser Analyse auf die Verhältnisse der messbaren Element schließen und überprüfen, ob Cu in dem Kristall vorhanden ist.

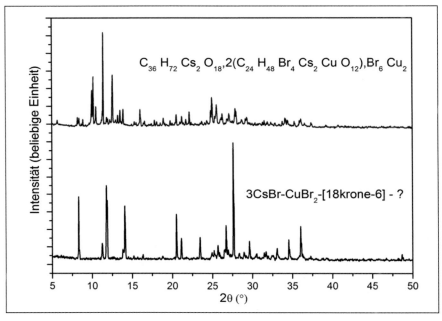

Abbildung 8.7: Vergleich der Röntgenpulverdiffraktogramme der beiden aus derselben wässrigen Lösung (3 : 1 : 1, CsBr - CuBr$_2$ – [18]krone-6) gezüchteten Kristalle. Obere Abbildung: $C_{36}H_{72}Cs_2O_{18},2(C_{24} H_{48} Br_4 Cs_2 Cu O_{12}),BrCu_2$; untere Abbildung: Kristall mit noch ungeklärter Struktur

    Ein weiterer Vergleich dieser beiden Kristalle wurde mittels Röntgenpulverdiffraktometrie-Untersuchung durchgeführt. In Abbildung 8.7 (siehe S. 142) werden die zwei Diffraktogramme zu den vorgenannten Kristallen im Vergleich gezeigt. Man sieht, dass die beiden Kristalle eine gute Kristallinität aufweisen, aber unterschiedliche Strukturen haben.

    Durch den nachgewiesenen Einbau von Cu in die Verbindung stellt sich die Frage, welche magnetischen Eigenschaften diese beiden Verbindungen haben. Durch die Messungen der Suszeptibilität $\chi(T)$ als Funktion der Temperatur für verschiedene Magnetfelder und Magnetisierung $M(H)$ bei T = 2 K können die magnetische Eigenschaften qualitativ betrachtet werden. In Abbildung 8.8 ist die Magnetisierung bei T = 2 K und die Suszeptibilität gezeigt.

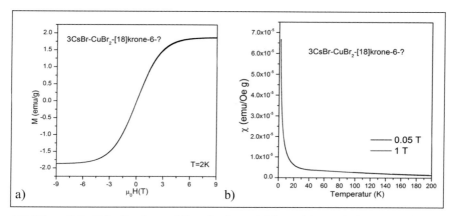

Abbildung 8.8: Kristall mit ungeklärte Struktur: a) Magnetisierung bei T = 2 K, b) Suszeptibilität $\chi_g(T)$ als Funktion der Temperatur für zwei verschiedene Magnetfelder

Die Magnetisierung bei T = 2 K und die Suszeptibilität zeigen bei dem Kristall mit noch ungeklärter Struktur ein typisches paramagnetisches Verhalten.

Für den zweiten Kristall wurde eine Einkristallstrukturanalyse durchgeführt [Bol14], durch die die Struktur und die Zusammensetzung

$$C_{36}H_{72}Cs_2O_{18}, 2(C_{24}H_{48}Br_4Cs_2CuO_{12}), Br_6Cu_2$$

ermittelt wurde. Dieser Kristall hat eine monokline Struktur der Raumgruppe P2$_1$/n mit den Gitterkonstanten a = 14.3473(6) Å, b = 30.8215(8) Å, c = 15.5756(6) Å und den Winkeln: α = 90°, β = 91.847(3)° und γ = 90°. Das Volumen beträgt 6884.03 Å^3.

In Anlage 8.2 ist das Strukturbild beigefügt. Die asymmetrische Einheit wird durch zwei große Cs-Kronenether-Komplexe und eine Cu$_2$Br$_6$ - Einheit gebildet. Bei dem ersten Cs-Kronenether-Komplex sind zwei Cs-Atome an jeweils ein Kronenethermolekül gebunden und werden mittels CuBr$_4$ zusammengehalten. Bei dem zweiten Cs-Kronenether-Komplex sind zwei Cs- Atome mit drei Kronenethermolekülen zu einem „Sandwich-Komplex" verbunden. In dieser Struktur gibt es für Cu-Atome zwei kristallografische Plätze.

Auch bei diesem Kristall wurden die Messungen der Suszeptibilität $\chi(T)$ als Funktion der Temperatur für verschiedene Magnetfelder und die Magnetisierung bei T = 2 K durchgeführt. Abbildung 8.9 zeigt die Magnetisierung bei T = 2 K sowie die Suszeptibilität.

Die Magnetisierung zeigt ein nichtlineares Verhalten. Bei dem Suszeptibilitäts-Verhalten gibt es für $\mu_0H \leq 0.2$ T ein Maximum bei etwa 4 K.

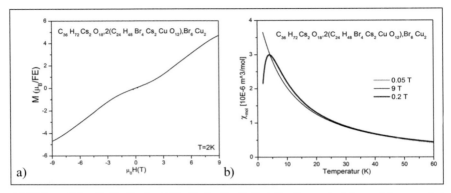

Abbildung 8.9: $C_{36}H_{72}Cs_2O_{18},2(C_{24}H_{48}Br_4Cs_2CuO_{12}),Br_6Cu_2$: a) Magnetisierung bei T = 2 K, b) Suszeptibilität $\chi_{mol}(T)$ als Funktion der Temperatur für drei verschiedene Magnetfelder

8.1.3 Kristallisationszüchtung der Systeme CsBr-[$C_{12}H_{24}O_6$]-CuBr$_2$ und CsCl-[$C_{12}H_{24}O_6$]-CuCl$_2$ aus einer Lösungsmischung aus 1-Propanol und 2-Propanol

Um die Einflüsse der unterschiedlichen Lösungsmittel kennenzulernen, wurde [18]krone-6 ausgewählt, so dass man das Kristallisationsverhalten von CsBr-[$C_{12}H_{24}O_6$]-CuBr$_2$ und CsCl-[$C_{12}H_{24}O_6$]-CuCl$_2$ untersuchen kann. Die Züchtung kann bei Zimmertemperatur durchgeführt werden. Für die Kristallisation wurden CsCl und CuCl$_2$·2H$_2$O bzw. CsBr und CuBr$_2$ jeweils mit [18]krone-6 im Verhältnis 1 : 1 : 1 verwendet. Als Lösungsmittel wurde eine Mischung aus 1-Propanol und 2-Propanol in einem 1 : 1 Verhältnis hergestellt. Die Züchtung wurde mit Hilfe der Verdunstungsmethode bei Zimmertemperatur durchgeführt. Nach der Herstellung der Lösung dauerte die Kristallisation 3 bis 5 Wochen. Die gezüchteten transparente Kristalle sind zwischen 1 mm und 5 mm groß und blau aus der Lösung mit CuCl$_2$·2H$_2$O bzw. grün aus der Lösung mit CuBr$_2$, wie in Abbildung 8.11 zu sehen ist.

Es wurde festgestellt, dass sich das Cs$^+$-Ion bei der Verwendung der Propanolmischung als Lösungsmittel nicht in die Struktur einbaute. Der Vergleich der Ergebnisse der Röntgenpulverdiffraktometrie zeigt, dass beide Zusammensetzungen eine gute Kristallinität haben, aber unterschiedliche Strukturen aufweisen (siehe Abbildung 8.10).

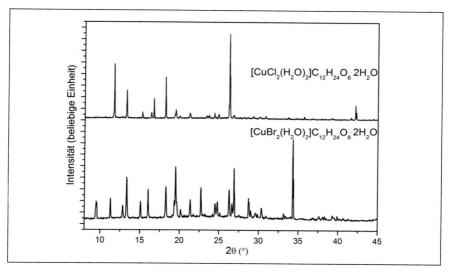

Abbildung 8.10:   Röntgenpulverdiffraktometrie Ergebnisse für:
Obere Abbildung: $[CuCl_2(H_2O)_2]\cdot C_{12}H_{24}O_6\cdot 2H_2O$ und
untere Abbildung: $[CuBr_2(H_2O)_2]\cdot C_{12}H_{24}O_6\cdot 2H_2O$

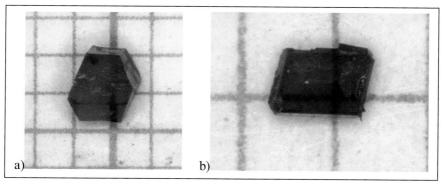

Abbildung 8.11:   Einkristalle a) $[CuCl_2(H_2O)_2]\cdot C_{12}H_{24}O_6\cdot 2H_2O$ und
b) $[CuBr_2(H_2O)_2]\cdot C_{12}H_{24}O_6\cdot 2H_2O$

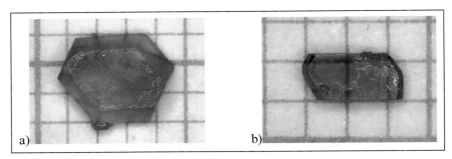

Abbildung 8.12: Einkristalle: a) $(C_{10}H_{20}O_5)CuCl_2 \cdot H_2O$-?, b) $(C_{10}H_{20}O_5)CuBr_2 \cdot 2H_2O$

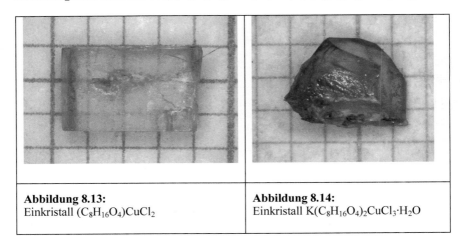

Abbildung 8.13: Einkristall $(C_8H_{16}O_4)CuCl_2$	**Abbildung 8.14:** Einkristall $K(C_8H_{16}O_4)_2CuCl_3 \cdot H_2O$

Die Zusammensetzung $[CuBr_2(H_2O)_2] \cdot C_{12}H_{24}O_6 \cdot 2H_2O$ konnte durch den Vergleich der Ergebnisse der Röntgenpulverdiffraktometrie mit Literaturdaten identifiziert werden. Dieser Kristall hat eine trikline Struktur der Raumgruppe P-1 mit den Gitterkonstanten a = 7.4418(5) Å, b = 8.1724(6) Å, c = 10.1510(2) Å und den Winkel α = 75.220(3)°, β = 69.47(1)° und γ = 78.51(1)°. Aus diesen Daten ergibt sich das Volumen der Einheitszelle von 554.90(6) Å^3 [Wan10].

Der Datenvergleich zwischen den Literaturdaten und den Ergebnissen der Röntgenpulverdiffraktometrie wurde mit dem Programm GSAS [[Lar04] und [Tob01]] durchgeführt. Die Daten für die Gitterkonstanten und die Atompositionen stimmen gut mit den Strukturdaten aus der Literatur überein. Die Gitterkonstanten aus der Verfeinerung haben folgende Werte: a = 7.414(5) Å, b = 8.158(8) Å, c = 10.123(8) Å und für die Winkel α = 75.23(8)°, β = 69.47(6)° und

γ = 78.48(8)°. Aus diesen Daten ergibt sich das Volumen der Einheitszelle von 550.4(6) Å³. Die Güte der Profilanpassung liegt für die ausgewählte Zusammensetzung bei 3.329.

Die Struktur für [CuCl$_2$(H$_2$O)$_2$]·C$_{12}$H$_{24}$O$_6$·2H$_2$O wurde durch Einkristallstrukturanalyse bestimmt [Bol14]. Für diese Zusammensetzung wurde die trikline Struktur der Raumgruppe P-1 mit den Gitterkonstanten a = 7.3884(8) Å, b = 7.7774(9) Å, c = 10.2240(11) Å und den Winkeln α = 98.590(9)°, β = 110.250(8)° und γ = 101.420(9)° ermittelt. Das Volumen der Einheitszelle beträgt 524.89(11) Å³. Diese Verbindung ist aus der Literatur zwar bekannt, aber die hier beschriebene Zusammensetzung ist zu der in der Literatur beschriebenen polymorph [Ant04]]. Die Elementarzelle dieser beiden Verbindungen können nicht ineinander überführt werden. Während die aus der Literatur bekannte Struktur spitzwinklige α, β und γ Winkel aufweist, zeigt die hier vorgestellte Struktur stumpfe α, β und γ Winkel.

In Abbildung 8.15 werden die beiden vorgenannten Verbindungen gezeigt. Die ermittelten Gitterkonstanten und Atompositionen sind als Anlage 8.3 beigefügt.

In beiden Verbindungen bildet das Cu^{2+} Ion eine planare Einheit mit 2H$_2$O und zwei Br-Liganden bzw. zwei Cl-Liganden, welche sich zwischen den Kronenethermolekülen einordnen. In den Kronenethermolekülen finden noch zwei H$_2$O Moleküle Platz. Die [18]Krone-6 Moleküle geben die Abstände zwischen den Cu-Einheiten vor, die in diesen Strukturen zu keiner Wechselwirkungen zwischen den Cu-Einheiten führen. Auch die Abstände für die Wechselwirkung über die Wasserstoffbrücken sind zu groß.

Erste magnetische Untersuchungen zeigen ein paramagnetisches Verhalten dieser beiden Verbindungen.

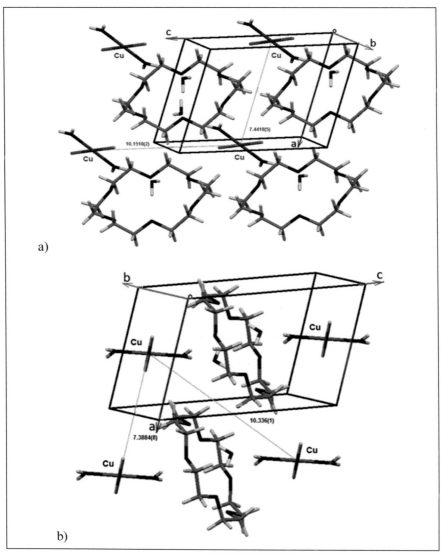

Abbildung 8.15: Struktur: a) $[CuBr_2(H_2O)_2] \cdot C_{12}H_{24}O_6 \cdot 2H_2O$ mit Abstand der Cu-Einheiten von 7.4418(5)Å in Richtung a-Achse und 10.1510(2)Å in Richtung c-Achse, b) $[CuCl_2(H_2O)_2] \cdot C_{12}H_{24}O_6 \cdot 2H_2O$ mit Abstand der Cu-Einheiten von 7.3884(8) Å in Richtung a-Achse und 10.336(1) Å in Richtung der Diagonalen der ac-Ebene

8.2 Idee eines „Baukastensystems" für die Modellierung von Einflussparametern auf die Kristallzüchtung

Aus den bereits vorgestellten Experimenten ist ersichtlich, dass die Wahl des Lösungsmittels einen großen Einfluss hat, welches Element in die Kristallstruktur vielleicht nicht eingebaut wird. Kronenether sind ein flexible Bauelemente für diese Art von Metall-organischen Modellversuchen. Aus der Unterschiedlichkeit der gebildeten Strukturen kann man ableiten, dass es durchaus eine Möglichkeit geben könnte, die Bildung von Strukturen und Zusammensetzungen zu steuern. Die Steuerungsparameter können beispielsweise Lösungsmittel, unterschiedlich große Kronenether, verschiedene Alkali-Metalle, unterschiedliche Liganden, Temperatur der Lösungszüchtung oder Kristallisationsgeschwindigkeit sein. Man kann sich ein „Baukastensystem" vorstellen, in dem systematisch unterschiedliche Einflüsse der Steuerungsparameter studiert werden.

Im Weiterem werden Beispiele vorgestellt, in dem zum einen $CuCl_2$ mit [12]krone-4 und [15]krone-5 und desweiteren $CuBr_2$ mit den gleich großen Kronenethern ([12]krone-4 und [15]krone-5) kristallisiert werden. Bei diesen Experimenten geht man der Frage nach, wie sich die unterschiedlichen Kronenether mit $CuCl_2$ und $CuBr_2$ kristallisieren lassen, unter welchen Bedingungen die Kristallisation erfolgt und wie sich die Cu-Einheiten und die Kronenethermoleküle anordnen. Das Verständnis, welche Strukturen sich unter welchen Bedingungen bilden, gibt eine wichtige Erkenntnis für die weitere strukturelle Modellierung der gewünschten Verbindung.

8.2.1 *Kristallzüchtung und Charakterisierung von Kupferchlorid und Kupferbromid mit $C_{10}H_{20}O_5$*

Für die Kristallisationsversuche wurde [15]krone-5 und $CuCl_2 \cdot 2H_2O$ in einem molaren Verhältnis 1 : 1 in Acetonitril gelöst. Die gleichen Versuche mit dem gleichen molaren Verhältnis wurden auch für $CuBr_2$ durchgeführt. Für die Züchtung wurden folgende Grundsubstanzen verwendet: $CuCl_2 \cdot 2H_2O$, $CuBr_2$ und [15]krone-5. Die Züchtung wurde mit der Verdunstungsmethode bei 4°C im Thermoschrank durchgeführt. Nach der Herstellung der Lösung dauerte die Kristallisation einen Monat. Die gezüchteten Kristalle sind zwischen 1 mm und 5 mm groß und transparent-blau (Lösung mit $CuCl_2$) bzw. transparent-grün (Lösung mit $CuBr_2$), wie in Abbildung 8.12 (S. 146) zu sehen ist.

In der Literatur sind mehrere Zusammensetzungen von $(C_{10}H_{20}O_5)CuCl_2 \cdot H_2O$-? beschrieben, die mit unterschiedlichen Lösungsmitteln und Züchtungsmethoden hergestellt wurden. Die genaue Bestimmung der Kristallstruktur des in Abbildung 8.12 a) abgebildeten Kristalls ist derzeit noch nicht erfolgt.

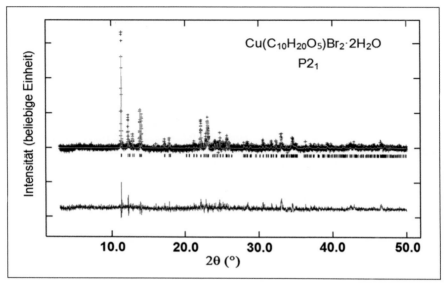

Abbildung 8.16: Rietveld-Verfeinerung für $(C_{10}H_{20}O_5)CuBr_2\cdot 2H_2O$. Die graue Linie zeigt das berechnete Profil für die verfeinerte Struktur. Die Kreuze geben die gemessenen Daten des Diffraktogramms wieder. Die Differenz zwischen simulierten und gemessenen Daten ist darunter zu sehen

    Für $(C_{10}H_{20}O_5)CuBr_2\cdot 2H_2O$, welches in Abbildung 8.12 b) dargestellt ist, konnte die Struktur durch einen Vergleich des aufgenommenen Diffraktogramms mit den Strukturdaten aus der Literatur identifiziert werden. Der Kristall hat eine monokline Struktur der Raumgruppe $P2_1$ mit den Gitterkonstanten a = 8.698(4) Å, b = 13.740(7) Å, c = 8.019(4) Å und den Winkeln $\alpha = 90°$, $\beta = 116.31(3)°$ und $\gamma = 90°$. Aus diesen Daten ergibt sich das Volumen der Einheitszelle von 859.078 Å^3 [Art79].

    Der Vergleich zwischen dem Diffraktogramm und den Literaturdaten wurde mit Hilfe des Programmpaketes GSAS [[Lar04] und [Tob01]] durchgeführt. Die Literaturdaten wurden als Startmodell für die Verfeinerung der Struktur genommen. Die nach der Verfeinerung erhaltenen Daten für die Gitterkonstanten und die Atompositionen stimmen sehr gut mit den Strukturdaten aus der Literatur [Art79] überein. Der Quotient aus den gewichteten Profil R-Werten und dem erwarteten Profil ergibt die Güte der Profilanpassung GOF, der für diese Zusammensetzung bei 2.075 liegt. Die Ergebnisse dieser Verfeinerung sind in der Abbildung 8.16 zu sehen.

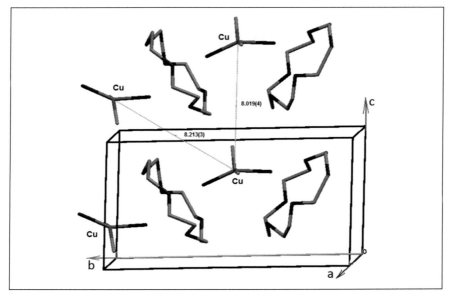

Abbildung 8.17: Struktur von $(C_{10}H_{20}O_5)CuBr_2 \cdot 2H_2O$ mit Abständen der Cu – Einheiten von 8.019(4) Å und 8.213(3) Å

In Abbildung 8.17 ist die Struktur von $(C_{10}H_{20}O_5)CuBr_2 \cdot 2H_2O$ dargestellt. Die [15]krone-5 Ringe stehen angewinkelt zueinander. Zwischen den Kronenetherringen befindet sich jeweils eine Tetraeder-Einheit des Cu^{2+} Ions mit $2H_2O$ und zwei Br Liganden, die in einer „zig-zag" Kette zwischen den Kronenetherringen angeordnet sind.

Im Vergleich zu der Verbindung $[CuBr_2(H_2O)_2]C_{12}H_{24}O_6 \cdot 2H_2O$, bei der das Cu^{2+} Ion mit $2H_2O$ und zwei Br Liganden planare Einheiten aufbaut, bildet das Cu^{2+} Ion in der Zusammensetzung $(C_{10}H_{20}O_5)CuBr_2$ $2H_2O$ eine Tetraeder-Konfiguration. Auch die zwei Wassermoleküle aus der Zusammensetzung $[CuBr_2(H_2O)_2]C_{12}H_{24}O_6 \cdot 2H_2O$, die ihren Platz im Kronenetherring gefunden haben, fehlen in dieser Zusammensetzung. Die Abstände zwischen den Cu-Einheiten in $(C_{10}H_{20}O_5)CuBr \cdot 2H_2O$ sind für die Erzeugung einer indirekte Austauschwechselwirkung zwar nicht zu groß (die Abstände sind kleiner 10 Å), es erfolgt allerdings keine Wechselwirkung. Der Grund hierfür ist noch ungeklärt. Es gibt in dieser Verbindung zwei Cu-Einheiten mit den Abständen von 8.019(4) Å und 8.213(3) Å, die diese Cu-Einheiten auf einer Ebene verbinden.

Erste magnetische Untersuchungen haben gezeigt, dass die beiden vorgenannten   Zusammensetzungen $(C_{10}H_{20}O_5)CuCl_2 \cdot H_2O$-?   und

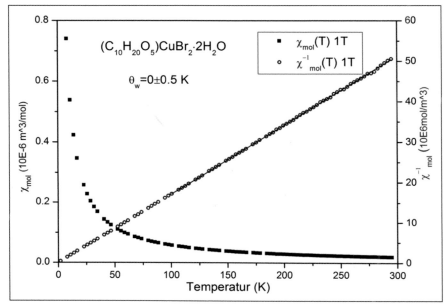

Abbildung 8.18: $(C_{10}H_{20}O_5)CuBr_2 \cdot 2H_2O$: Suszeptibilität $\chi_{mol}(T)$ als Funktion der Temperatur für 1T Magnetfeld (Vierecke) und inverse Suszeptibilität $\chi^{-1}_{mol}(T)$ als Funktion der Temperatur (Kreise). Die Messfehler sind durch die Größe der Punkte angegeben

$(C_{10}H_{20}O_5)CuBr_2 \cdot 2H_2O$ ein paramagnetisches Verhalten zeigen. Der Verlauf der Suszeptibilität (Vierecke) für die Verbindung $(C_{10}H_{20}O_5)CuBr_2 \cdot 2H_2O$ ist in der Abbildung 8.18 dargestellt. Aus dem Verlauf der inversen Suszeptibilitätskurve (Kreise) kann man das Curie-Verhalten ermitteln.

Die gemessene magnetische Suszeptibilität muss unter Berücksichtigung des diamagnetischen Anteils χ^D korrigiert werden. Die diamagnetische Suszeptibilität ist eine additive Größe und kann zum Beispiel als Summe von diamagnetischen Suszeptibilitäten der Übergangsmetallionen und der Liganden-Korrekturterme ermittelt werden. Die diamagnetischen Suszeptibilitäten für diese sind als „Pascal-Konstanten" tabelliert [Kah93] und können als Grundlage für die Abschätzung des diamagnetischen Korrekturterms der magnetischen Suszeptibilität verwendet werden. Unter Berücksichtigung der Kronenether- und Wassermoleküle ergibt sich der diamagnetische Korrekturterm $\chi^D = -0.003127 \cdot 10^{-6} \, m^3 \cdot mol^{-1}$.

Aus der Literatur ist zum Beispiel der Anisotropieeffekt der Suszeptibilität bei aromatischen Verbindungen bekannt. Die Suszeptibilität senkrecht zur Molekülebene ist deutlich negativer als in der Molekülebene. Die gemessene Suszeptibilität eines Einkristalls einer solchen aromatischen Verbindung ist dennoch nicht mit der Suszeptibilität der Moleküle identisch. Die Moleküle in einem Einkristall liegen nicht immer parallel zueinander, sondern befinden sich in unterschiedlichen geometrischen Anordnungen. Dadurch ergibt sich ein Zusammenhang zwischen Suszeptibilität und Kristallstruktur. Auch die Teilchengrösse hat einen Einfluss auf die diamagnetische Suszeptibilität: je kleiner die Teilchengrösse, desto kleiner der Suszeptibilitätswert [Wei79, S. 106].

In Abbildung 8.17 ist die Anordnung der Kronenetherringe der Verbindung $(C_{10}H_{20}O_5)CuBr_2 \cdot 2H_2O$, die angewinkelt zueinander stehen, in Richtung a-Achse zu sehen. Auch die räumliche Anordnung der Ionen und deren Koordination haben Einfluss auf die diamagnetische Suszeptibilität.

Aus der Literatur ist bekannt, dass diese mit der Abnahme der Koordinationszahl der Ionen stärker diamagnetisch wird. Zudem wird die diamagnetische Suszeptibilität durch eine starke Wechselwirkung zwischen den Teilchen verstärkt. Für das Kristallwasser in diamagnetischen Salzen gibt es kein einfaches Additivitätsgesetz in Bezug auf die Suszeptibilität der H_2O Moleküle pro Einheitsformel. Damit kann die Pascalsche Systematik für die Berechnung des diamagnetischen Korrekturterms der Suszeptibilität stark von den experimentellen Werten abweichen.

Für die weitere Berechnung wird der oben ausgerechnete diamagnetische Korrekturterm mit einem Faktor, der zwischen 0.7 und 0.3 liegt, multipliziert und somit ein kleinerer diamagnetischer Korrekturwert von $\chi^D = -0.001563 \cdot 10^{-6}\, m^3 \cdot Mol^{-1}$ angenommen [Wei73, S. 88].

Unter Berücksichtigung der Untergrundmessung des Probenträgers, der abgezogen werden muss, und dem diamagnetischen Anteil der Suszeptibilität, kann man den linearen Bereich der Kurve zwischen 100 K und 300 K extrapolieren.

In Abbildung 8.18 a) ist die inverse Suszeptibilität mit linearer Anpassung in dem vorgenannten Temperaturbereich zu sehen. Die Koeffizienten der linearen Anpassung: Steigung (b = $(0.1707\pm0.0003)\, 10^6$ mol/m^{3}K) und Schnittpunkt mit y-Achse (a = $(0.033\pm0.058)10^6$ mol/m^3) können berechnet werden, wie auch θ_w = -a/b, so dass eine Korrektur durch die paramagnetische Curie-Temperatur für das Curie-Weiss Gesetz ergibt. Dieses θ_w der untersuchten Zusammensetzung ist sehr klein und kann vernachlässigt werden, so dass das magnetische Verhalten durch das Curie-Gesetz beschrieben werden kann:

$$X_{mol}^{-1}(T) = \frac{1}{C_{mol}} T$$

Aus der Steigung der linearen Anpassung der inversen Suszeptibilität kann dann die Curie- Konstante C_{mol} bestimmt werden:

$$C_{mol} = \frac{1}{b} = (5.858 \pm 0.001)10^{-6} \, K \, m^3/mol$$

Diese Interpretation ist nur dann verlässlich, wenn die magnetischen Momente als isolierte Zentren betrachtet werden können. Wenn dies nicht der Fall ist und zwischen den magnetischen Zentren eine Wechselwirkung besteht, spiegelt sich in θ_w die Summe der verschiedenen Beiträge der Wechselwirkung wider. Wenn der θ_w Wert positiv ist, dann überwiegt die ferromagnetische Wechselwirkung und wenn θ_w Wert negativ ist, dann überwiegt die antiferromagnetische Wechselwirkung.

Um die Temperaturabhängigkeit der magnetischen Momente darzustellen, ist die Zahl effektiver Bohr-Magnetonen μ_{eff} geeignet. Wenn das Curie-Gesetz gültig ist, dann zeigt sich dies in der Temperaturunabhängigkeit von μ_{eff}.

In Abbildung 8.18 ist das effektive magnetische Moment in Abhängigkeit von der Temperatur dargestellt und beträgt für $(C_{10}H_{20}O_5)CuBr_2 \cdot 2H_2O$: $\mu_{eff} = (1.91 \pm 0.01) \, \mu_B$. Es ist zu sehen, dass μ_{eff} von der Temperatur unabhängig ist. Im Vergleich zu dem Spin-only-Wert für Cu^{2+} von $\mu_{s.o.} = 1.73 \, \mu_B$ ist der erhöhte experimentelle Wert mit der zunehmenden Spin-Bahn-Wechselwirkung zu erklären [Wei73, S.165].

Die Brillouin-Funktion $B_j(\alpha)$ beschreibt den Verlauf der Magnetisierung in Abhängigkeit vom äußeren Magnetfeld. Genau betrachtet gibt sie die Abhängigkeit der Magnetisierung von g_j, J, $\mu_0 H$ und T an. Bei starkem Magnetfeld und tiefer Temperatur, wie in Abbildung 8.19 b) gezeigt, entspricht die Sättigung $M_{mol}/N_a = g_J J \mu_B$ dem Sättigungsmoment in diesem Experiment: $\mu_s = 1.11 \mu_B$. Als Ergebnis dieser beiden Experimenten, die in Abbildung 8.19 a) und b) dargestellt sind, ergibt sich ein Wert für $g_J = 2.22$.

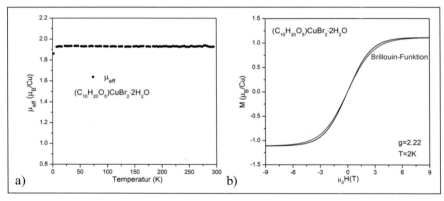

Abbildung 8.19: $(C_{10}H_{20}O_5)CuBr_2 \cdot 2H_2O$: a) Effektives magnetisches Moment in Abhängigkeit von der Temperatur, b) Magnetisierung bei T = 2 K und Anpassung durch die Brillouin-Funktion

8.2.2 *Kristallzüchtung und Charakterisierung von Kupferchlorid mit $C_8H_{16}O_4$*

Für ein weiteres Experiment wurde das Lösungsmittel Acetonitril, [12]krone-4 und $CuCl_2 \cdot 2H_2O$ in einem molaren Verhältnis 1 : 1 verwendet. Für die Züchtung wurden folgende Grundsubstanzen benutzt: $CuCl_2 \cdot 2H_2O$ und [12]krone-4. Nach der Herstellung der Lösung dauerte die Kristallisation zwei bis drei Monate. Die gezüchteten Kristalle sind transparent-gelb und zwischen 1 mm und 5 mm groß, wie in Abbildung 8.13 (S. 146) zu sehen ist. Die Züchtungstemperatur (4°C) wurde einerseits auf Grund der Literaturdaten [Gin91] ausgewählt und andererseits wegen der Vergleichbarkeit der Züchtungsbedingungen mit den anderen Experimenten. Aus Literaturdaten lässt sich die gemessene Röntgenpulverdiffraktometrie-daten für die Zusammensetzung $(C_8H_{16}O_4)CuCl_2$ bestätigen. Die Zusammensetzung hat gemäß Literaturdaten eine orthorhombische Struktur der Raumgruppe $P2_12_12_1$ mit den Gitterkonstanten a = 7.062(3) Å, b = 13.661(8) Å und c = 12.337(7) Å. Aus diesen Daten ergibt sich das Volumen der Einheitszelle von 1190.2 Å^3 [Rem75].

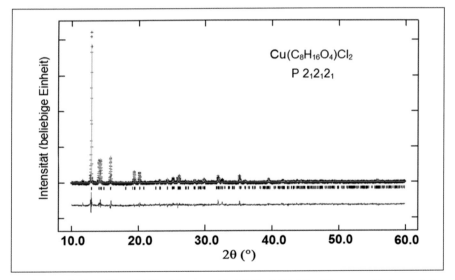

Abbildung 8.20: Rietveld-Verfeinerung für $(C_8H_{16}O_4)CuCl_2$. Die graue Linie zeigt das berechnete Profil für die verfeinerte Struktur. Die Kreuze geben die gemessenen Daten des Diffraktogramms wider. Die Differenz zwischen den simulierten und den gemessenen Daten ist darunter eingetragen

Der Vergleich zwischen den Ergebnissen des Diffraktogramms und den Literaturdaten wurde mit Hilfe des Programmpaketes GSAS [[Lar04] und [Tob01]] durchgeführt. Die Literaturdaten wurden als Startmodell für die Verfeinerung der Struktur genommen. Die nach der Verfeinerung erhaltenen Daten für die Gitterkonstanten und die Atompositionen stimmen sehr gut mit den Strukturdaten aus der oben genannten Literatur überein. Die Gitterkonstanten aus der Verfeinerung haben folgende Werte: a=7.069(2)Å, b=13.657(3)Å und c=12.333(5)Å. Aus diesen Daten ergibt sich das Volumen der Einheitszelle von $1190.6Å^3$. Die Güte der Profilanpassung bzw. deren Quadrat χ^2 liegt für die ausgewählte Zusammensetzung bei 2.108. Die Ergebnisse dieser Verfeinerung sind in der Abbildung 8.19 zu sehen.

Diese Struktur wurde auch mit der Einkristalldiffraktometrie untersucht. Die Struktur wurde lediglich mit kleinen Abweichungen bei den Gitterkonstanten und den Atompositionen bestätigt [Bol14]. Für die weitere Beschreibung der Abstände und Winkeln wurden die Daten aus der Datenbank [ICS] benutzt.

In Abbildung 8.21 ist die asymmetrische Einheit von $(C_8H_{16}O_4)CuCl_2$ dargestellt. In der asymmetrischen Einheit ist das Cu^{2+} Ion mit vier O-Atomen verbunden. Dieses liegt nicht in der Ebene, die die O-Atome des Kronenethers bilden, sondern befindet sich in einem Abstand von dieser Ebene. Zwei Bindungslängen sind mit 2.113(3) Å und 2.128(3) Å etwas kürzer und zwei weitere sind mit 2.403(3) Å und 2.343(4) Å etwas länger. Auf der anderen Seite ist das Cu^{2+} Ion mit zwei Cl-Liganden verbunden. Damit entsteht eine Koordination des Oktaeders. Die Umgebung des Cu^{2+} Ions ist durch diese unterschiedlichen Bindungslängen verzerrt.

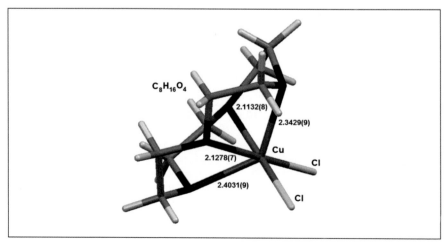

Abbildung 8.21:   Asymmetrische Einheit von $(C_8H_{16}O_4)CuCl_2$

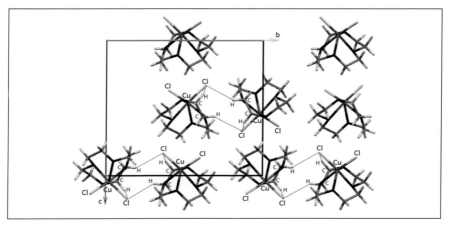

Abbildung 8.22: Struktur von $(C_8H_{16}O_4)CuCl_2$, Kettenrichtung entlang der a-Achse

Die [12]krone-4 Ringe stehen angewinkelt zueinander (siehe Abbildung 8.22). Diese Kronenether–Cu–Cl-Einheiten bilden unterschiedliche Ketten entlang der a-Achse. Einige von diesen bilden Schraubenachsen.

In der Ansicht (Richtung c-Achse) kann man diese Schraubenachse in Abbildung 8.23 sehen.

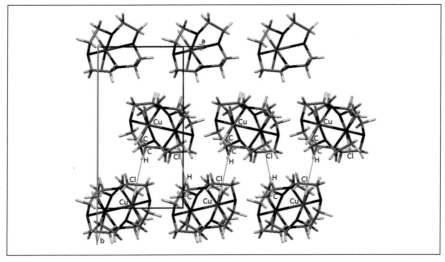

Abbildung 8.23: Struktur von $(C_8H_{16}O_4)CuCl_2$, Ansicht der Ketten-Richtung entlang der c-Achse

Bei der Betrachtung der Wechselwirkung geht es hier grundsätzlich um die indirekte Austauschwechselwirkung. Der kürzeste Abstand zwischen den Cu-Einheiten durch die Ebene der Sauerstoffatome des Kronenethermoleküls ist 6.585(3) Å. Eine direkte Verbindung durch diese Ebene gibt es allerdings nicht, da eine Wechselwirkung entlang dieser Abstände wegen des starken diamagnetischen Beitrags der Ebene der Sauerstoffatome des Kronenethermoleküls ausgeschlossen ist [Wei73, S. 61].

In dieser Verbindung kann man sich viele Möglichkeiten der Wechselwirkung von Cu-Einheiten vorstellen. Es gibt nur wenige Beispiele für solche strukturellen Kettenanordnungen. Folglich ist eine aussagekräftige Interpretation von magnetischen Eigenschaften schwierig. Welche Austauschkopplungskonstanten für die Wechselwirkung sorgen, muss noch geklärt werden. Zum Beispiel könnte der Abstand der diagonal zu den Ketten verläuft, für eine schwache Austauschwechselwirkung zwischen den Ketten sorgen.

Erste magnetische Untersuchungen zeigen, dass diese Zusammensetzung $(C_8H_{16}O_4)CuCl_2$ eine antiferromagnetische Wechselwirkung hat. Der Verlauf der Suszeptibilität (Kurve aus Vierecken) für die Verbindung $(C_8H_{16}O_4)CuCl_2$ ist in der Abbildung 8.23 dargestellt. Aus dem Verlauf der inversen Suszeptibilität (Kurve aus Kreisen) kann man das Curie-Weiss-Verhalten ermitteln.

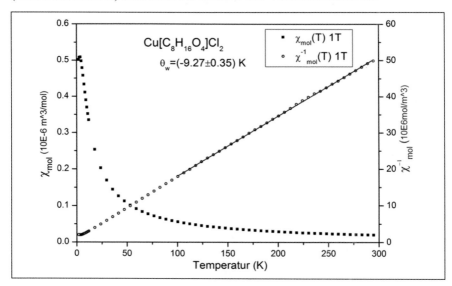

Abbildung 8.24: $(C_8H_{16}O_4)CuCl_2$: Suszeptibilität $\chi_{mol}(T)$ als Funktion der Temperatur für 1 T Magnetfeld (Vierecke) und inversen Suszeptibilität $\chi^{-1}_{mol}(T)$ als Funktion der Temperatur (Kreise). Die Messfehler entsprechen der Größe der Punkte

Die gemessene magnetische Suszeptibilität muss unter Berücksichtigung des diamagnetischen Anteils χ^D korrigiert werden. Unter Berücksichtigung des Kronenethermoleküls ergibt sich der diamagnetische Korrekturterm

$$\chi^D = -0.002163 \cdot 10^{-6} \, m^3 \cdot mol^{-1}$$

Aufgrund der oben ausgeführten Überlegungen über die Pascalsche Systematik für die Berechnung des diamagnetischen Korrekturterms der Suszeptibilität wird für die weitere Berechnung ein kleinerer diamagnetische Korrekturwert von

$$\chi^D = -0.001514 \cdot 10^{-6} \, m^3 \cdot mol^{-1}$$

angenommen, wie in Kap. 8.2 beschrieben wurde. Unter Berücksichtigung der Untergrundmessung des Probenträgers und des diamagnetischen Anteil der Suszeptibilität wird der lineare Bereich der Kurve zwischen 100 K und 300 K extrapoliert. In Abbildung 8.24 ist die inverse Suszeptibilität mit linearer Anpassung in dem vorgenannten Temperaturbereich zu sehen. Die Koeffizienten der linearen Anpassung: Steigung (b = (0.1651±0.0003) 10^6 mol/m^{3}K) und Schnittpunkt mit y-Achse(a = (1.53±0.08)10^6 mol/m^3) werden berechnet, wie auch θ_w = -a/b = (-9.27±0.35) K, so dass eine Korrektur durch die paramagnetische Curie-Temperatur für das Curie-Weiss-Gesetzes:

$$X_{mol}^{-1}(T) = \frac{1}{C_{mol}} T - \frac{\theta_w}{C_{mol}}$$

erfolgt. Aus der Steigung der linearen Anpassung der inversen Suszeptibilität bestimmt man die Curie-Konstante C_{mol}:

$$C_{mol} = \frac{1}{b} = (6.057 \pm 0.001)10^{-6} \, K \, m^3/mol$$

Die magnetischen Momente werden hier nicht als isolierte Zentren betrachtet, da zwischen den magnetischen Zentren eine Wechselwirkung besteht. Da der θ_w Wert negativ ist, überwiegt die antiferromagnetische Wechselwirkung.

In Abbildung 8.24 ist das effektive magnetische Moment in Abhängigkeit von der Temperatur dargestellt und beträgt für $(C_8H_{16}O_4)CuCl_2$: μ_{eff} = (1.93±0.01) μ_B. Daraus ergibt sich: g_J = 2.22.

Der Korrekturparameter für μ_{eff}, der durch die Spin-Bahn-Kopplung (im Oktaederfeld) entsteht, wird wie folgt berechnet [Wei73, S. 158]:

$$\mu_{eff} = \mu_{s.o} \left(1 - \alpha \frac{\lambda}{10Dq} \right)$$

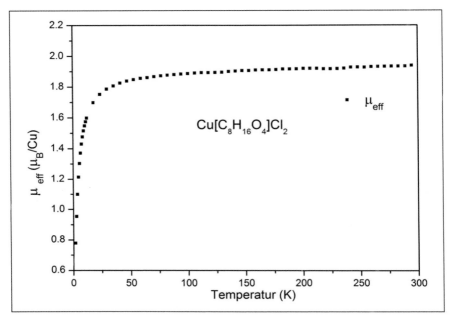

Abbildung 8.25: $(C_8H_{16}O_4)CuCl_2$: Effektives magnetisches Moment in Abhängigkeit von der Temperatur

Der Spin-Bahn-Kopplungsparameter λ wird an freien Ionen bestimmt und dient für die Berechnung nur als Näherung. Für Cu^{2+} ist λ = -830 cm^{-1}. Der Parameter der Kristallfeldaufspaltung Dq ist für diese Zusammensetzung nicht bekannt. Für die Berechnung wird die Näherung des Komplexions $[Cu(H_2O)_6]^{2+}$ genommen. Die Kristallfeldaufspaltung ist dann 10Dq = 12500 cm^{-1}. Der α - Faktor für den Kristallfeld-Grundterm e_g ist 2. Unter dem Einfluss der Spin-Bahn-Korrektur für das Cu^{2+} ist μ_{eff}= 1.96 μ_B. Es ist zu sehen, dass μ_{eff} von der Temperatur unabhängig ist. Der experimentelle Wert für μ_{eff} ist sogar kleiner, als der berechnete Wert, was auf den Dq-Wert zurückzuführen ist, welcher sich für die verschiedene Liganden unterscheidet.

Das effektive magnetische Moment in Abhängigkeit von der Temperatur für $(C_8H_{16}O_4)CuCl_2$ zeigt ein typisches antiferromagnetisches Verhalten.

In Abbildung 8.26 ist die Magnetisierung in Abhängigkeit von der Feldstärke bei 2 K zu sehen. Diese zeigt kein lineares Verhalten und noch nicht alle Momente, die bei einer Feldstärke bis 9 T und einer Temperatur von 2 K gesättigt sind.

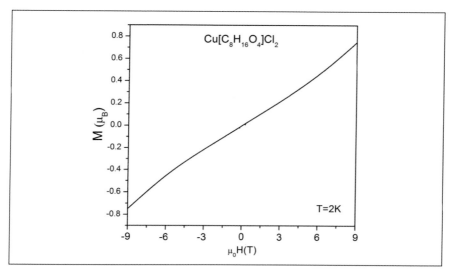

Abbildung 8.26: Magnetisierung in Abhängigkeit der Feldstärke bei 2 K

Der Verlauf der Suszeptibilität kann mit einer Suszeptibilitätsgleichung beschrieben werden. In diesem Fall wird ein einfaches Modell einer magnetischen Kette mit $S_1 = S_2 = \frac{1}{2}$ angenommen. Die Art und die Größe der Wechselwirkung kommen in dem Wechselwirkungsparameter J zum Ausdruck. Die Kette besteht aus einer großen Zahl äquivalenter Zentren, die das gleiche Wechselwirkungsparameter J zwischen den nächsten Nachbarn haben.

Die Austausch-gekoppelte magnetische Kette wird im Heisenberg-Model betrachtet. Der Heisenberg-Operator für isotrope Austauschwechselwirkung zwischen äquivalenten magnetisch aktiven Zentren und der Wechselwirkung mit nur einer Sorte von Nachbarn, bei gleichzeitiger Berücksichtigung eines äußeren Magnetfeldes, lautet [Lue99, S. 383]:

$$\hat{H} = -2J \sum_{i=1}^{N-1} \hat{S}_i \cdot \hat{S}_j - \gamma_e g B_z \sum_{i=1}^{N} \hat{S}_{i,z}$$

wobei N die Zahl der Zentren ist. Die Suszeptibilitätskurve kann simuliert werden für $N \to \infty$ zu:

$$X_{mol}^{1D} = \frac{\mu_0 N_A \mu_B^2}{k_B T} g^2 \left[\frac{0.25 + 0.074975x + 0.075235x^2}{1 + 0.9931x + 0.172135x^2 0.757825x^3} \right]$$

mit $x = |2J|/k_B T$, was aus der Literatur [Est78] bekannt ist.

Bis auf die Kopplungskonstante J sind alle Konstanten und Variablen in dieser Gleichung bekannt. J wird während der Verfeinerung entsprechend angepasst.

In der Abbildung 8.27 a) ist als Dreiecke der theoretische Modell-Verlauf der Suszeptibilität nach der Gleichung einer magnetischen Kette dargestellt. Die gesamte Suszeptibilität besteht aber nicht nur aus der Suszeptibilität wechselwirkender Kettenglieder, sondern auch aus einem Curie-Term mit der C_{mol} – Curie-Konstanten, die aus der inversen Suszeptibilität bestimmt wurden, und einem temperaturunabhängigen paramagnetischen Anteil (X_0) der Suszeptibilität. In diesem Fall lautet die Berechnung der gesamten Suszeptibilität:

$$X_{mol} = (1 - x) \frac{\mu_0 N_A \mu_B^2}{k_B T} g^2 \left[\frac{0.25 + 0.074975x + 0.075235x^2}{1 + 0.9931x + 0.172135x^2 0.757825x^3} \right]$$
$$+ x \frac{C_{mol}}{T} + X_0 .$$

In dem Verlauf der Suszeptibilität, der in Abbildung 8.27 b) (als Vierecke) gezeigt ist, sieht man, dass bei sehr tiefen Temperaturen die Suszeptibilität auf einem bestimmten Wert bleibt, was auf ein typisches Suszeptibilitätsverhalten für eine magnetische Kette hindeutet. Es ist nur eine sehr kleine Absenkung nach dem erreichten Maximum der Kurve bei sehr tiefen Temperaturen zu sehen. Eine solche Absenkung ist in der Regel größer und kann gegebenenfalls durch mononukleare Unreinheiten verringert werden. Der Anteil dieser mononuklearen Einheiten kann über das Verhältnis des Suszeptibilitätsmaximums der Modell-Kurve zu einem Suszeptibilitätswert der experimentellen Daten bei gleicher Temperatur ermittelt werden. In diesem Fall beträgt der Curie-Term 2.9 %.

In Abbildung 8.27 b) ist die verfeinerte X_{mol} Kurve (als Kreise) zu sehen, die gut die experimentellen Daten bestätigt. Der Wert der Kopplungskonstante beträgt: J = -2.46cm^{-1}(-0.31meV).

Die Güte der Verfeinerung wird mit folgender Relation berechnet:

$$\sum_{i=1}^{n} ((X_{i\,exp} - X_{i\,mol})/X_{i\,exp})^2$$

wobei sich i von 1 bis n ändert und die Anzahl der experimentellen Punkte wiedergibt. Für dieses Experiment beträgt die Güte der Verfeinerung 2.3·10^{-2}.

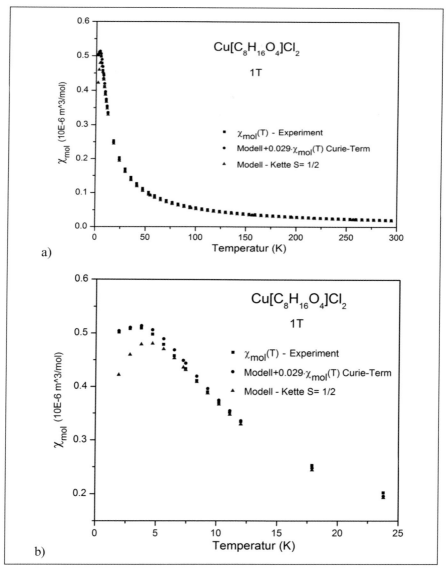

Abbildung 8.27: a) Verlauf der Suszeptibilität von $(C_8H_{16}O_4)CuCl_2$ und Anpassung der Suszeptibilitätsgleichung mit einem Modell einer magnetischen Kette $(S_1 = S_2 = \frac{1}{2})$ b) detaillierte Ansicht

Angeleitet durch die Struktur (siehe Abbildung 8.22, S. 157) kann man sich vorstellen, dass es nicht nur eine dominierende Wechselwirkung entlang der Kettenrichtung gibt, sondern eine schwache zwischen den Ketten. Magnetisches Verhalten in schwachgekoppelten Ketten wird in einem quasi 1D Spinsystem mit Hilfe der Molekularfeld-Näherung des Heisenberg-Modells [McE73] beschrieben. Diese Näherung gibt die Beziehung zwischen der dominierenden antiferromagnetischen Wechselwirkung J und der schwachen Wechselwirkungen J' in quasi 1D Spinsystem wieder.

Verwendet wird für J' eine Approximation der Molekularfeld-Näherung für die Suszeptibilitätsgleichung:

$$X_{mol}^{MF} = \frac{X_{mol}^{1D}}{1 - (2zJ'/N_A\,g^2\mu_0\mu_B^2)X_{mol}^{1D}}$$

wobei z die Anzahl der wechselwirkenden Nachbarn ist und J' der Kopplungskonstante zwischen den Ketten entspricht.

Die gesamte Suszeptibilität besteht noch aus einem Curie-Term und einem Temperatur-unabhängigen paramagnetischen Anteil (X_0) der Suszeptibilität. Die Werte für diese Anteile entsprechen den Werten aus der vorhergehenden Verfeinerung des Kettenmodells. Die Berechnung der gesamten Suszeptibilität lautet dann:

$$X_{mol} = (1 - x)\frac{X_{mol}^{1D}}{1 - (2zJ'/N_A\,g^2\mu_0\mu_B^2)X_{mol}^{1D}} + x\frac{C_{mol}}{T} + X_0$$

In Abbildung 8.28 ist die verfeinerte X_{mol} Kurve zu sehen (graue Kreise), die die experimentellen Daten besser bestätigt, als nur das Kettenmodel. Der Wert der Kopplungskonstante J = -2.46 cm^{-1} (-0.31 meV) aus der vorhergehenden Verfeinerung wurde hier benutzt. Die Anzahl der nächsten Nachbarn ist: z = 4. Die Kopplungskonstante durch die Verfeinerung ergab: J' = −0.1 cm^{-1} (−0.01 meV).

Für dieses Experiment beträgt dieser Parameter $8 \cdot 10^{-3}$. Dieser Wert ist besser als der Wert von $2.3 \cdot 10^{-2}$ für die Anpassung des einfachen Kettenmodells.

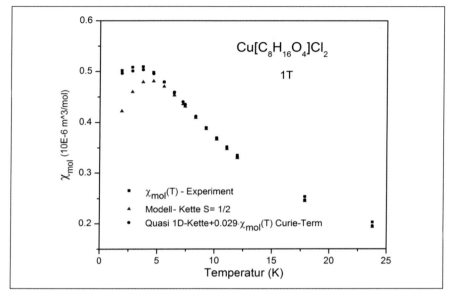

Abbildung 8.28: a) Verlauf der Suszeptibilität von $(C_8H_{16}O_4)CuCl_2$ und Anpassung der Suszeptibilitätsgleichung mit einem quasi 1D Kettenmodell $(S_1 = S_2 = \frac{1}{2})$

8.2.3 Kristallzüchtung und Charakterisierung von Kupferchlorid und Kaliumchlorid mit $C_8H_{16}O_4$

Für dieses Experiment wurde das Lösungsmittel Acetonitril, [12]krone-4, $CuCl_2 \cdot 2H_2O$, KCl und LiCl in einem molaren Verhältnis 1 : 1 : 1 : 1 verwendet. Für die Züchtung wurden folgende Grundsubstanzen benutzt: $CuCl_2 \cdot 2H_2O$, KCl, LiCl und [12]krone-4. Die Züchtung wurde mit der Verdunstungsmethode bei 4°C im Thermoschrank durchgeführt. Nach der Herstellung der Lösung dauerte die Kristallisation fünf Monate. Die gezüchteten Kristalle sind transparent-gelb-grün (siehe Abbildung 8.14, S. 146) und zwischen 1 mm und 1 cm groß. Das LiCl dient als Additiv, da sich die Kristalle ohne dieses nicht bilden, obwohl Li^+ nicht eingebaut wird.

Diese Verbindung ist in der Literatur noch nicht bekannt. Die Struktur für $K(C_8H_{16}O_4)_2CuCl_3 \cdot H_2O$ wurde durch Einkristallstrukturanalyse festgestellt [Bol14] (siehe Anlage 8.4). Für diese Zusammensetzung wurde die monokline Struktur der Raumgruppe $P2_1/n$ mit den Gitterkonstanten a = 9.5976(5) Å, b = 11.9814(9) Å, c = 21.8713(11) Å und dem Winkel $\beta = 100.945(4)°$ ermittelt. Das Volumen der Einheitszelle beträgt 2469.29 Å^3.

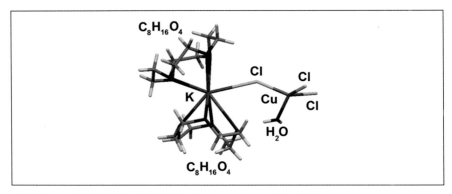

Abbildung 8.29: K(C$_8$H$_{16}$O$_4$)$_2$CuCl$_3$·H$_2$O - asymmetrische Einheit

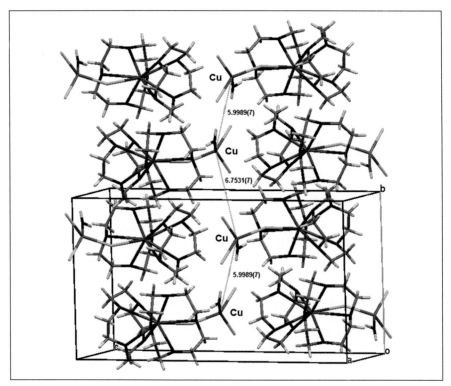

Abbildung 8.30:   Struktur von K(C$_8$H$_{16}$O$_4$)$_2$CuCl$_3$·H$_2$O mit wechselnden Abständen der Cu-Einheiten entlang der b-Achse: 5.9989(7) Å und 6.7531(7) Å

Die asymmetrische Einheit (siehe Abbildung 8.29) besteht aus zwei Kronenetherringen, die jeweils mit vier O-Atomen an dem K^+ Ion gebunden sind. Auf der anderen Seite ist das K^+ Ion mit dem Cl-Ligand verbunden, der seinerseits mit noch zwei weiteren Cl-Liganden und einem Wassermolekül eine tetraedrische Einheit um das Cu^{2+} Ion bildet. Diese Einheit ist zentrosymmetrisch. In der Struktur bilden sich Schichten, die als Reihen der Cu-Tetraeder durch Reihen der doppelten Kronenetherringe, die an dem K^+ Ion gebunden sind, getrennt sind.

In Abbildung 8.30 sind die Cu-Einheiten entlang der b-Achse gezeigt. Man sieht, dass die direkten Abstände der Cu-Einheiten entlang der b-Achse mit 5.9989(7) Å und 6.7531(7) Å zwei Längen aufweisen, die sich im Wechsel wiederholen. Der Abstand Cu-Einheiten über Kronenether beträgt 11.0838(2) Å. Es ist ersichtlich, dass die Cu-Einheiten nicht auf einer Geraden, sondern sowohl in Richtung b-Achse als auch in Richtung a-Achse abweichend positioniert sind.

Es fällt auf, dass die Cu-Einheiten, die einen kleineren Abstand aufweisen, über die Wasserstoffbrückenbindung zu einer dinuklearen Einheit koordiniert sind. Abbildung 8.31 zeigt die schematische Darstellung dieser dinuklearen Einheit.

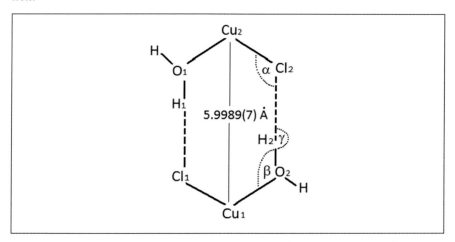

Abbildung 8.31: Schematische Darstellung der dinuklearen Cu-Einheit mit Wasserstoffbrückenbindung

Tabelle 8.3: Abstände und Winkel der dinuklearen Cu-Einheit

Abstände [Å]	Winkel [°]
Cu(2)-Cl(2) 2.255(8)	Cu(2)-Cl(2)-H(2) 127.33(1)
Cu(1)-Cl(1) 2.255(8)	Cu(1)-O(2)-H(2) 118.69(1)
Cu(2)-O(1) 1.980(2)	
Cu(1)-O(2) 1.980(2)	
O-H---Cl	O-H---Cl
O(1)-H(1) 0.829(3)	O(1)-H(1)-Cl(1) 162.82(1)
O(2)-H(2) 0.829(3)	O(2)-H(2)-Cl(2) 162.82(1)
H(1)-Cl(1) 2.334(2)	
H(2)-Cl(2) 2.334(2)	

In der Tabelle 8.3 sind die Abstände und die Winkel für diese dinukleare Einheit dargestellt.

In der Literatur gibt es vergleichbare dinukleare Einheiten, die allerdings nur mit Sauerstoff koordiniert sind und eine vergleichbare magnetische Wechselwirkung zeigen. Hingegen ist die in Abbildung 8.31 dargestellte dinukleare Einheit nicht nur mit Sauerstoff, sondern auch mit Chlor koordiniert [[Tan09] und [Bis10]].

Die Winkel O(2)-H(2)-Cl(2) bzw. O(1)-H(1)-Cl(1), welche einen Wert von 162.82° haben (siehe Tabelle 8.3), zeigen, dass die wechselwirkenden Cu-Einheiten nicht in einer Ebene liegen.

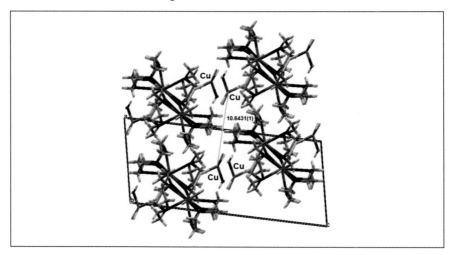

Abbildung 8.32:   Struktur von $K(C_8H_{16}O_4)_2CuCl_3 \cdot H_2O$ mit Abständen der Cu-Einheiten von 10.6431(7) Å entlang der a-Achse

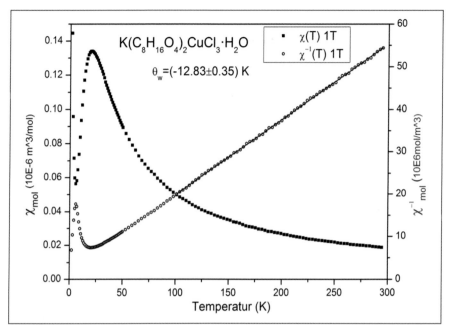

Abbildung 8.33: K($C_8H_{16}O_4$)$_2$CuCl$_3$·H$_2$O: Suszeptibilität $\chi_{mol}(T)$ als Funktion der Temperatur für 1 T Magnetfeld (Vierecke) und die inversen Suszeptibilität $\chi^{-1}_{mol}(T)$ (Kreise)

In der Abbildung 8.32 ist die Struktur von K($C_8H_{16}O_4$)$_2$CuCl$_3$·H$_2$O entlang der a-Achse dargestellt. Man sieht zwei Ketten mit Abständen der Cu-Einheiten von 10.6431(7) Å. Diese sind für indirekte Austauschwechselwirkung zwar nicht zu groß, aber in Richtung der a-Achse kommt es zu keiner Austauschwechselwirkung. In Richtung der c-Achse scheidet durch die Kronenethermoleküle jegliche Austauschwechselwirkung aus.

Erste magnetische Untersuchungen zeigen, dass die Zusammensetzung K($C_8H_{16}O_4$)$_2$CuCl$_3$·H$_2$O eine dominierende antiferromagnetische Wechselwirkung zeigt. Der Verlauf der Suszeptibilität (Kurve aus Vierecken) für diese Verbindung ist in der Abbildung 8.33 dargestellt. Aus dem Verlauf der inversen Suszeptibilität (Kurve aus Kreisen) kann man das Curie-Weiss-Verhalten ermitteln.

Die gemessene magnetische Suszeptibilität muss unter Berücksichtigung des diamagnetischen Anteils χ^D korrigiert werden. Unter Berücksichtigung der

Kronenethermoleküle und des Wassermoleküls ergibt sich der diamagnetische Korrekturterm:

$$\chi^D = -0.004232 \cdot 10^{-6} \, m^3 \cdot mol^{-1}$$

Aufgrund der oben ausgeführten Überlegungen weicht die Pascalsche Systematik für die Berechnung des diamagnetischen Korrekturterms der Suszeptibilität stark von den experimentellen Werten ab. Deshalb wird für die weitere Berechnung ein kleinerer diamagnetische Korrekturwert von:

$$\chi^D = -0.002962 \cdot 10^{-6} \, m^3 \cdot mol^{-1}$$

angenommen, wie in Kap. 8.2 beschrieben wurde.

In Abbildung 8.33 ist die inverse Suszeptibilität mit linearer Anpassung in dem vorgenannten Temperaturbereich zu sehen. Die Koeffizienten der linearen Anpassung: Steigung (b = (0.1796±0.0003) 10^6 mol/m^{3}K) und Schnittpunkt mit der y-Achse (a = (2.28±0.07)10^6 mol/m^3) können berechnet werden, wie auch θ_w = -a/b=(-12.83±0.35) K, so dass eine Korrektur durch die paramagnetische Curie-Temperatur für das Curie-Weiss-Gesetzes:

$$X_{mol}^{-1}(T) = \frac{1}{C_{mol}}T - \frac{\theta_w}{C_{mol}}$$

erfolgt. Aus der Steigung der linearen Anpassung der inversen Suszeptibilität kann dann die Curie-Konstante C_{mol} bestimmt werden:

$$C_{mol} = \frac{1}{b} = (5.652 \pm 0.001)10^{-6} \, K \, m^3/mol$$

Die magnetischen Momente können hier nicht als isolierte Zentren betrachtet werden, da zwischen den magnetischen Zentren eine Wechselwirkung besteht. Wenn der θ_w Wert negativ ist, überwiegt die antiferromagnetische Wechselwirkung.

In Abbildung 8.34 ist der effektive magnetische Moment in Abhängigkeit von der Temperatur dargestellt und beträgt für K(C$_8$H$_{16}$O$_4$)$_2$CuCl$_3$·H$_2$O μ_{eff}= (1.85±0.01) μ_B. Daraus ergibt sich g$_J$ = 2.13.

Es ist zu sehen, dass μ_{eff} von der Temperatur nahezu unabhängig ist. Im Vergleich zu dem Spin-only-Wert für Cu^{2+}von $\mu_{s.o}$ = 1.73μ_B ist der erhöhte experimentelle Wert mit der zunehmenden Spin-Bahn-Wechselwirkung zu erklären. Eine weitere Erhöhung dieses Wertes ist zudem dem tetraedrischen Ligandenfeld geschuldet.

Das effektive magnetische Moment in Abhängigkeit von der Temperatur für K(C$_8$H$_{16}$O$_4$)$_2$CuCl$_3$·H$_2$O zeigt eine dominierende antiferromagnetische Wechselwirkung.

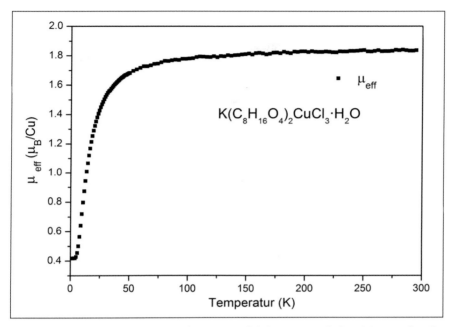

Abbildung 8.34: $K(C_8H_{16}O_4)_2CuCl_3 \cdot H_2O$ - Effektives magnetisches Moment in Abhängigkeit von der Temperatur

In dem Verlauf der Suszeptibilität, die in Abbildung 8.33 gezeigt ist, sieht man, dass bei sehr tiefen Temperaturen die Suszeptibilität wieder ansteigt. Der Anstieg geschieht durch eine mononukleare Verunreinigung.

In Abbildung 8.35 ist die Magnetisierung in Abhängigkeit der Feldstärke bei 2 K zu sehen. Die Brillouin-Funktion beschreibt sehr gut den experimentellen Verlauf, so dass es möglich ist, den molaren Anteil der mononuklearen Unreinheiten prozentual zu berechnen. Bei starkem Magnetfeld und tiefen Temperaturen strebt die Brillouin-Funktion $B_J(\alpha)$ gegen 1 für isolierte Metallionen mit $S = \frac{1}{2}$. Der molare Anteil der mononuklearen Einheiten kann mit 4.4 % angegeben werden.

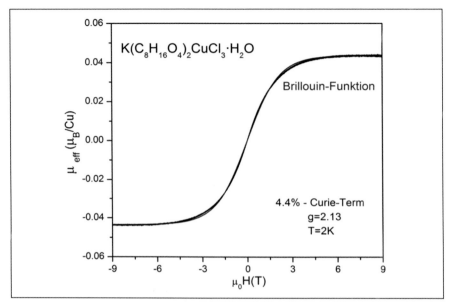

Abbildung 8.35: $K(C_8H_{16}O_4)_2CuCl_3 \cdot H_2O$ - Die Magnetisierung bei T=2K und Anpassung der Brillouin-Funktion

Der in Abbildung 8.33 gezeigte Verlauf der Suszeptibilität kann mit einer Suszeptibilitätsgleichung beschrieben werden, in der die Art der Wechselwirkung und die Größe des Wechselwirkungsparameters J zum Ausdruck kommt.

Es wird ein einfaches Modell der dinuklearen Einheit mit $S_1 = S_2 = \frac{1}{2}$ angenommen. Die Austausch-gekoppelte dinukleare Einheit wird im Heisenberg-Modell betrachtet. Der Heisenberg-Operator für isotrope Austauschwechselwirkung zwischen äquivalenten magnetisch aktiven Zentren und Wechselwirkung mit nur einer Sorte von Nachbarn lautet:

$$\widehat{H}_{ex} = -2J \sum_{i<j} \hat{S}_i \cdot \hat{S}_j$$

Mit Berücksichtigung des Magnetfeldes lautet der Zeeman-Operator:

$$\widehat{H}_{M_z} = -\gamma_e g(\hat{s}_{z1} + \hat{s}_{z2})B_z$$

und die Suszeptibilitätsgleichung nach van Vleck ist dann:

$$X_{mol}^D = \frac{\mu_0 N_A \mu_B^2}{3 k_B T} g^2 \left[1 + \frac{1}{3} exp \left(\frac{-2J}{k_B T} \right) \right]^{-1}$$

Diese wird Bleaney-Bowers-Gleichung genannt [Lue99, S. 315].

   Bis auf die Kopplungskonstante J sind alle Konstanten und Variablen in dieser Gleichung bekannt. J wird während der Verfeinerung entsprechend angepasst. In der Abbildung 8.36 a) ist als Kreise der theoretische Verlauf der Suszeptibilität nach Bleaney-Bowers-Gleichung dargestellt. Die gesamte Suszeptibilität besteht aber nicht nur aus der Suszeptibilität wechselwirkender Dimere, sondern auch, wie oben beschrieben, aus einem 4.4 % - Curie-Term und einem Temperatur unabhängigen paramagnetischen Anteil (X_0) der Suszeptibilität, der in diesem Fall $8 \cdot 10^{-10} m^3 \cdot Mol^{-1}$ beträgt. Die Berechnung der gesamten Suszeptibilität lautet:

$$X_{mol} = (1 - x) \frac{\mu_0 N_A \mu_B^2}{3 k_B T} g^2 \left[1 + \frac{1}{3} exp \left(\frac{-2J}{k_B T} \right) \right]^{-1} + x \frac{C_{mol}}{T} + X_0$$

   In Abbildung 8.36 b) ist in Dreiecken die verfeinerte X_{mol} Kurve zu sehen, die sehr gut die experimentellen Daten bestätigt. Der Wert der Kopplungskonstante beträgt: J = -11.85 cm^{-1}(-1.47 meV).

   Zusammenfassend gibt das Modell der dinuklearen Einheit den experimentellen Verlauf der Suszeptibilität von $K(C_8 H_{16} O_4)_2 CuCl_3 \cdot H_2O$ wider. Die Güte der Verfeinerung für dieses Experiment beträgt $3.7 \cdot 10^{-2}$.

   Resümierend kann man feststellen, dass die hier bestimmte Kopplungskonstante (-11.85 cm^{-1}) für die dinukleare Einheit mit den zweifachen Wasserstoffbrükenbindungen mit den Werten in der Literatur [[Ber76], [Est78], [Ber80] und [Muh86]] für diese Art von Verbindungen (zwischen -4 cm^{-1} und -94 cm^{-1}) übereinstimmt. Im Vergleich zu den Werten bis zu -94 cm^{-1} ist der Wert der Kopplungskonstanten der hier untersuchten Verbindung schwächer. Dies ist darauf zurückzuführen, dass die Umgebung der beiden Cu-Einheiten nicht auf einer Ebene liegt und sich damit die Überlappung der magnetischer Orbitalen reduziert. Folglich wird auch die magnetische Wechselwirkung der Kupferzentren geschwächt.

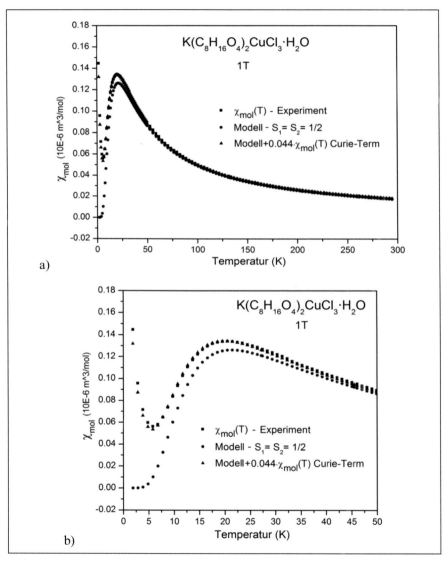

Abbildung 8.36:   a) Verlauf der Suszeptibilität von $K(C_8H_{16}O_4)_2CuCl_3 \cdot H_2O$ und Anpassung der Suszeptibilitätsgleichung mit einer dinuklearen Einheit ($S_1 = S_2 = \frac{1}{2}$), b) detaillierte Ansicht

8.3 Diskussion und Ausblick

Nach der Analyse der Längen der Cu-O Bindungen der $(C_8H_{16}O_4)CuCl_2$ Verbindung und dem Vergleich dieser mit den Bindungslängen von Li-O in der Literatur, die in der Verbindung $Li(C_8H_{16}O_4)Cl$ für alle vier Bindungen mit 2.218(2) Å den gleichen Wert aufweisen [Gin91], stellt man fest, dass es eine stark konkurrierende Bindung zwischen Cu-O und Li-O des Kronenethers gibt. Dies bedeutet, dass sich eine Modellierung des Kronenetherkomplexes mit Li^+ Ionen unter Anwendung des gewählten Lösungsmittel Acetonitril schwierig gestaltet. Die Kristallisation aus anderen Lösungsmitteln und der Einfluss der Temperatur auf die Kristallisation der $(C_8H_{16}O_4)CuCl_2$ Verbindung wurde noch nicht abschließend geklärt.

Die Züchtung mit unterschiedlich großen Kronenethermolekülen zeigt signifikante Unterschiede in der Struktur, der Cu^{2+}-Umgebung und bei den magnetischen Eigenschaften. Die Ergebnisse zeigen, dass die Cu-Tetraeder-Einheiten in der Verbindung $(C_{10}H_{20}O_5)CuBr_2 \cdot 2H_2O$ dahingehend zu ändern sind, dass man die beiden Wassermoleküle durch zwei Br-Liganden und ein Cu^{2+} Ion ersetzt. Die Änderung der Cu-Tetraeder-Einheit in eine Cu_2Br_4-Einheit lässt auch eine Änderung der Anordnung der Kronenethermoleküle erwarten. Die neuen, in Betracht gezogenen Einheiten sind dimerisiert und können miteinander zu einer anderen Wechselwirkung dieser Einheiten beitragen. Dabei sorgen die Kronenethermoleküle für eine Begünstigung oder Abschirmung dieser Wechselwirkungen, je nach Position in der Struktur.

Durch die unterschiedliche Position und Größe der Kronenethermoleküle und die vorhandenen planaren Cu-Einheiten (wie zum Beispiel in den Verbindungen $[CuCl_2(H_2O)_2]C_{12}H_{24}O_6 \cdot 2H_2O$ und $[CuBr_2(H_2O)_2]C_{12}H_{24}O_6 \cdot 2H_2O$) oder den tetraedrischen Cu-Einheiten beispielsweise in der Verbindung $C_{10}H_{20}O_5)CuBr_2 \cdot 2H_2O$ zeigt sich ein paramagnetisches Verhalten. Eine weitere Verkleinerung des Kronenethermoleküls führt dann zu einer starken Bindung des Cu^{2+} Ions an das Kronenethermolekül (beispielsweise in der Verbindung $(C_8H_{16}O_4)CuCl_2$) und damit zu einem Aufbau einer oktaedrischen Umgebung des Cu^{2+} Ions. Das magnetische Verhalten wechselt von einem paramagnetischen zu einer dominierenden antiferromagnetischen Wechselwirkung der Cu^{2+} Ionen.

In der Frage der Modellierung von neuen Verbindungen spielen die Möglichkeiten des Austausches der Liganden eine wichtige Rolle. Um eine gewünschte Verbindung oder ein neues Mischsystem aufzubauen, muss man sich auch mit den spezifischen Züchtungs-Parametern für einen Liganden-Austausch, sei es Temperatur, Konzentration eines Liganden in der Lösung oder das verwendete Lösungsmittel, auseinandersetzen. Für diese Aufgabenstellung eignet sich das Kronenether-Kupfer-Liganden Baukastensystem sehr gut.

Bei der Durchführung der Kristallzüchtung wurde nur die Züchtung aus der Lösung mittels Verdunstungsmethode angewendet. Dadurch, dass die gelösten Edukte eine unterschiedliche Dichte haben, ist es auch vielversprechend, eine Diffusionszüchtung durchzuführen. Diese Methode erlaubt eine gezielte und langsame Diffusion der gelösten Stoffe im Diffusionsbereich, in dem dann die Kristallisation stattfindet.

Die Untersuchungen der Magnetisierung und der Suszeptibilität von $(C_8H_{16}O_4)CuCl_2$ wurden nur für eine Richtung des Magnetfeldes durchgeführt. Deshalb ist von Interesse, ob es auch eine Anisotropie des magnetischen Verhaltens bei diesem System gibt. Außerdem ist es interessant, einen Vergleich zwischen der Berechnung der Austauschkopplungskonstanten für diese Zusammensetzung mit den experimentellen Daten durchzuführen.

Bei der Analyse des Verlaufs der magnetischen Suszeptibilität von $K(C_8H_{16}O_4)_2CuCl_3 \cdot H_2O$ konnte man diesen mit dem Modell der dinuklearen Einheit sehr gut wiedergeben. Angeregt von der Struktur der Verbindung (siehe Abbildung 8.30) kann man sich die Wechselwirkung der Cu-Einheiten als eine alternierende Kette vorstellen.

Gemäß Literatur [Joh00] hat eine alternierende Spinkette mit antiferromagnetischer Kopplung einen nichtmagnetischen Singulett-Grundzustand. Die magnetische Suszeptibilität einer alternierenden Spinkette im Vergleich zu einem Modell der dinuklearen Einheiten bei den gleichen Parametern hat ein abgeflachteres Maximum und für $T \rightarrow 0$ einen endlichen Wert der Suszeptibilität, der für das Modell der dinuklearen Einheiten gegen null geht. Bei einem Verhältnis von $\alpha = J_2/J_1$, wobei J_1, J_2 die alternierenden Austauschkopplungskonstanten zwischen magnetischen Zentren darstellen, liegt α zwischen 0 und 1. Damit wird die Suszeptibilitätskurve bei $T \rightarrow 0$ auf der Tieftemperaturflanke eine Schulter oder einen Wendepunkt aufweisen.

Durch Vergleich angewendeter Modelle der dinuklearen Einheiten mit den experimentellen Daten wurde keine der oben genannten Effekte beobachtet. Damit wurde das Modell der dinuklearen Einheiten favorisiert.

8.4 Zusammenfassung

Im Rahmen der vorgestellten Arbeiten wurden zwei neue Salzverbindungen mit der Zusammensetzung $Cs_2(C_{12}H_{24}O_6)(H_2O)_2Cl_2 \cdot 2H_2O$ und $Cs(C_{12}H_{24}O_6)(H_2O)Br \cdot H_2O$ gezüchtet und deren Struktur bestimmt. Die erste Verbindung hat eine orthorhombische Struktur der Raumgruppe Cmcm und die zweite eine monokline Struktur der Raumgruppe P2$_1$/n.

Durch die Substitutionsversuche mit Kronenetherkomplexen wurde zwar der angestrebte Einbau des Kronenetherkomplexes anstelle der Cs$^+$ Ionen in die

Verbindung von Cs_2CuCl_4 bzw. Cs_2CuBr_4 in den Strukturtyp Pnma noch nicht realisiert, allerdings entstanden bei diesen Versuchen neue Verbindungen, beispielsweise $C_{36}H_{72}Cs_2O_{18},2(C_{24}H_{48}Br_4Cs_2CuO_{12}),Br_6Cu_2$, welche in einer monoklinen Struktur der Raumgruppe $P2_1/n$ kristallisiert.

Durch die Untersuchung des Einflusses der Lösungsmittel auf die Züchtung von Kupferchlorid und Kupferbromid mit Kronenetherkomplexen wurde festgestellt, dass die Auswahl der Lösungsmittel einen sehr großen Einfluss auf den Alkali-Ion Anbau in der Verbindung hat.

Durch unterschiedliche Modellierungen der Kronenethergröße mit Kupferchlorid und Kupferbromid beeinflusst man die Strukturbildung dieser Verbindungen und die damit verbundene Veränderung der magnetischen Eigenschaften vom paramagnetischen zum antiferromagnetischen Verhalten.

Bei der Untersuchung des magnetischen Verhaltens von $(C_8H_{16}O_4)CuCl_2$ wurde eine antiferromagnetische Wechselwirkung festgestellt, welche bei Temperaturen unter 2K voraussichtlich in einen geordneten Zustand übergeht. Der Verlauf der Suszeptibilität konnte mit einem 1D Kettenmodell verfeinert werden. Aufgrund des Wertes der Güte der Verfeinerung und dem gegebenen Strukturmodell wurde ein quasi 1D Kettenmodell angewendet, welches die Wechselwirkung schwach gekoppelter Ketten beschreibt. Damit wurde der Wert der Güte der Verfeinerung verbessert.

Durch die Züchtung der neuen Verbindung $K(C_8H_{16}O_4)_2CuCl_3 \cdot H_2O$ und der Untersuchung der Suszeptibilität wurde bei dieser Zusammensetzung ein dinukleares magnetisches Verhalten festgestellt, welches zu keinem geordneten rundzustand führt. Die Anpassung des dinuklearen Modells der Wechselwirkung auf den Suszeptibilitätsverlauf zeigt eine gute Übereinstimmung mit den experimentellen Daten.

9 Zusammenfassung

In dieser Arbeit wurden Einkristalle des Mischsystems $Cs_2CuCl_{4-x}Br_x$ aus wässriger Lösung gezüchtet und charakterisiert. Dieses Mischsystem weist im Ganzen Konzentrationsbereich die orthorhombische Struktur Pnma auf, wenn die Züchtungstemperatur bei 50°C liegt. Bei einer Züchtungstemperatur von 24°C existiert im mittleren Konzentrationsbereich von $1 \leq x \leq 2$ eine tetragonale Phase mit dem Strukturtyp I4/mmm.

Die Analyse der relativen Ausdehnung der Gitterkonstanten wurde mittels Röntgenpulverdiffraktometrie bei Zimmertemperatur für die orthorhombische Phase des gesamten Konzentrationsbereichs durchgeführt. Dabei wurde festgestellt, dass es einen Wechsel der Anisotropie der relativen Ausdehnung für verschiedene Br Konzentrationen gibt. Daraus ergibt sich eine bevorzugte selektive Besetzung der Atompositionen je nach Br Gehalt.

Die Züchtung dieses Mischsystem aus einer Schmelze zeigte, dass auch hier $Cs_2CuCl_{4-x}Br_x$ durchgehend mischbar ist. Es konnte aus den Untersuchungsergebnissen erstmals ein Entwurf eines schematischen quasibinären Phasendiagramms für die Einkristallzüchtung dieses Mischsystems aus einer Schmelze erstellt werden.

Desweitern hat ein Vergleich der gezüchteten Kristalle aus einer Schmelze mit denen aus der Lösung gezeigt, dass es nur bei den Einkristallen, die aus wässriger Lösung gezüchtet wurden, eine bevorzugte selektive Besetzung der Halogenpositionen gibt.

Die Tieftemperaturuntersuchungen von ausgewählten Verbindungen des Mischsystems ergaben, dass kein Phasenübergang im untersuchten Temperaturbereich beobachtet werden konnte. Bei diesen Untersuchungen wurde zudem eine Anisotropie der relativen Ausdehnung der Gitterkonstanten festgestellt, die für Cs_2CuBr_4 am kleinsten ist. Bei der Zusammensetzung Cs_2CuCl_4 wurde somit ein anomales Verhalten der thermischen Ausdehnung in Richtung der b-Achse festgestellt. Die kleinste Anisotropie der thermischen Ausdehnung zeigt sich auch bei Cs_2CuBr_4.

Um den Einfluss der Kopplung der triangularen Ebenen von Cs_2CuCl_4 besser zu verstehen und um die Ebenen voneinander zu entkoppeln, wurde in einem weiteren Schritt eine Substitution von Cs^+ durch flexible Kronenether-Moleküle vorgenommen.

Diese Substitution mit Kronenether führte bisher noch nicht zum Erhalt der gewünschten orthorhombischen Stuktur. Die Untersuchungen zeigen, dass andere Strukturtypen mit veränderten Wechselwirkungen entstanden. Durch die Variation der Zusammensetzungen mit Kronenether wurden u.a. die nachfolgenden Verbindungen gezüchtet und charakterisiert: Die Verbindung $(C_8H_{16}O_4)CuCl_2$

zeigt beispielsweise bei der Untersuchung des magnetischen Verhaltens eine antiferromagnetische Wechselwirkung, welche voraussichtlich bei sehr tiefen Temperaturen einen geordneten Zustand hat. Der Verlauf der Suszeptibilität konnte einem quasi 1D Kettenmodell zugeordnet werden. Die Suszeptibilitäts-Untersuchungen bei der neuen Verbindung $K(C_8H_{16}O_4)_2CuCl_3 \cdot H_2O$ zeigten ein dinukleares magnetisches Verhalten, welches keinen geordneten Grundzustand erwarten läßt.

Literaturverzeichnis

[Ada41] R. Adams, L. N. Whitehill, Many-Membered Ring Compounds by Direct Synthesis from Two ω,ω' – Bifunctional Molecules, J. Am. Chem. Soc. 63 (1941), 2073

[Agu03] F. Aguado et al., Three-dimensional magnetic ordering in the Rb_2CuCl_4 layer perovskite-structural correlations, J. Phys. Condens. Matter 16 (2003), 1927-1938

[All03] R. Allmann.: Röntgenpulverdiffraktometrie, 2.Aufl., Springer (2003)

[Ant04] A. S. Antsyshkina, G. G.Sadikov, T. V.Koksharova, V. S. Sergienko, Synthesis of the Copper(II) Chloride 4-Phenylsemicarbazide Complex and the Product of Its Interaction with 1, 4, 7, 10, 13, 16-Hexaoxacyclo-octadecane (18-crown-6): The crystal structure of the $[CuCl_2(H_2O)_2]\cdot$(18-crown-6)$\cdot 2H_2O$ Complex, Zh. Neorg. Khim. Russ. J. Inorg. Chem., 49 (2004), 1665

[Art79] E. Arte, J. Feneau-Dupont, J. P. Declercq, G. Germain, M. van Meerssche, Complexe 1 : 1 Pentaoxa-1, 4, 7, 10, 13 Cyclopentadécane-Bromure de Cuivre(II) Hydraté, Acta Crystallogr., Sect. B, Struct. Crystallogr. Cryst. Chem. 35 (1979), 1215

[Bai91] S. Bailleul, D. Svoronos, P. Porcher, A. Tomas, Precisions sur la structure Cs_2CuCl_4, Comptes Rendus Hebdomadaires des Séances de l'Academie, Serie 2, 313 (1991), 1149

[Bel99] V. K. Belsky, B. M. Bulychev, Structural-chemical aspects of complexation in metal halide-macrocyclic polyether systems, Russ. Chem. Rev. 68(2) (1999), 119

[Ber76] J. A. Bertrand, T. D. Black, P. G. Eller, F. T. Helm, R. Mahmood, Polynuclear complexes with hydrogen-bonded bridges. Dinuclear complex of N, N'-Bis(2-hydro-xyethyl)-2,4-pentanediimine with copper(II), Inorg. Chem. 15 (1976), 2965

[Ber80] J. A. Bertrand, E. Fujita, D. G. Vanderveer, Polynuclear complexes with hydrogen-bonded bridges. 4. Structure and magnetic properties of dinuclear copper(II) complexes of amino alcohols, Inorg. Chem. 19 (1980), 2022

[Bis10] C. Biswas, M. G. B. Drew, A. Saket, C. Desplanches, A. Ghosh, Mono-aqua-bridged dinuclear complexes of Cu(II) containing NNO danor Schiff base ligand: Hydrogen-bond-mediated exchange coupling, J. Molecular Structure 965 (2010), 39-44

[Bol14]   M. Bolte, Institut für Anorganische und Analytische Chemie, Goethe-Universität Frankfurt

[Car77]   R. L. Carlin, A. J. van Duyneveldt, Magnetic Properties of Transition Metal Compounds, Springer (1977)

[Car85]   R. L. Carlin, R. Burriel, F. Palatio, R. A. Carlin, S. F. Keij and D. W. Carnegie, Linea chain antiferromagnetic interactions in Cs_2CuCl_4, J. Appl. Phys. 57(1) (1985), 3351

[Chr74]   J. K. Christensen, D. J. Eatough, R. M. Izatt, The Synthesis and Ion Bindung of Synthetic Multidentate Macrocyclic Compounds, Chem. Rev. 74 (1974), 351

[Col01]   R. Coldea, D. A. Tennant, A. M. Tsvelik and Z. Tylczynski, Experimental Realization of a 2D Fractional Quantum Spin Liquid, Phys. Rev. Lett. 86 (2001), 1335

[Col02]   R. Coldea, D. A. Tennant, K. Habicht, P. Smeibidl, C. Wolters, and Z. Tylczynski, Direct Measurement of the Spin Hamiltonian and Observation of Condensation of Magnons in the 2D Frustrated Quantum Magnet Cs_2CuCl_4, Phys. Rev. Lett. 88 (2002), 137203

[Col03]   R. Coldea, D. A. Tennant and Z. Tylczynski, Extended scattering continua characteristic of spin fractionalization in the two-dimensional frustrated quantum magnet Cs_2CuCl_4 observed by neutron scattering, Phys. Rev. B 68 (2003), 134424

[Col96]   R. Coldea, D. A. Tennant, R. A. Cowley, D. F. McMorrow, B. Dorner and Z. Tylczynski, Neutron scattering study oflagnetic structure of Cs_2CuCl_4, J. Phys. Condens. Matter 8 (1996), 7473

[Col98]   R. Coldea, D. A. Tennant, R. A. Cowley, D. F. McMorrow, B. Dorner, Z. Tylczynski, The phase diagram of a quasi-1D S = ½ Heisenberg antiferromagnet, J. of Magnetism and Magnetic Materials 177-181 (1998), 659-660

[Con13]   P. T. Cong, B. Wolf, N. van Well, A. A. Haghighirad, F. Ritter, W. Assmus, C. Krellner, M. Lang, Structural variations and magnetic properties of the quantum antiferromagnets $Cs_2CuCl_{4-x}Br_x$, IEEE Trans. Magn. 6, 2700204 (2014), arXiv: 1311.3351

[Est78]   W. E. Estes, D. P. Gavel, W. E. Hatfield, D. J. Hodgson, Magnetic and structural characterization of dibromo- and dichlorobis(thiazole)copper(II), Inorg. Chem. 17 (1978) 1415-1421

[Fen90]   D. Fenske, H. Goesmann, T. Ernst, K. Dehnicke, Synthese und Kristallstruktur von [[15]krone-5-CuCl(CH3CN)], Z. Naturforsch, 45b (1990), 101

[Foy11]   K. Foyevtsova, I. Opahle, Y. Z. Zhang, H. O. Jeschke and R. Valenti, Determination of effective microscopic models fort the frustrated antiferromagnets Cs_2CuCl_4 and Cs_2CuBr_4 by density functional methods, Phys. Rev. B 83 (2011), 125126

[Fre81]   H. Frey, R-A. Haefer, Tieftemperaturtechnologie, VDI-Verlag, Düsseldorf, 1981

[Fue91]   H. Fuess und G. Pieper, Polarisationsmikroskopie I, Kristalloptik, Institut für Kristallographie und Mineralogie der Johann Wolfgang Goethe-Universität Frankfurt am Main, 1991

[Gin91]   F. Gingl, W. Hiller, J. Straehle, [Li(12krone-4]Cl: Kristallstruktur und IR-Spektrum, Z. Anorg. Allg. Chem. 606 (1991)

[Got10]   S. Gottlieb-Schönemeyer, Einkristalldiffraktometer Heidi, Vortrag Oktober 2010, München, 2010

[Haus14]   E. Haussühl, Abt. Kristallographie, Facheinheit Mineralogie, Institut für Geowissenschaften, Goethe-Universität Frankfurt

[Hel52]   L. Helmholz, R. F. Kruh, The crystelstructure of the cesiumchlorocuprate Cs_2CuCl_4, and the spectrum of the chlorocuprate ion, Journal of the American Chemical Society 74 (1952), 1176

[Hem89]   W. F. Hemminger, H. K. Cammenga, Methoden der Thermischen Analyse, Springer Verlag 1989

[Her99]   M. Hernandez-Molina, J. Gonzalez-Platas, C. Ruiz-Perez, F. Lloret, M. Julve, Crystal structure and magnetic porperties ofIingle-μ-chloro copper(II) chain [Cu(bipy)Cl2] (bipy=2,2'-bipyridine), Inorg. Chim. Acta 284 (1999), 258

[Hid83]   M. Hidaka, K. Inoue, I. Yamada, P. J. Walker, X-ray diffraction study of the crystal structures of K_2CuF_4 and $K_2Cu_xZn_{1-x}F_4$, Physica B 121 (1983), 343

[Imr75]   Y. Imry, S. Ma, Random-Field Instability ofIrdered State of Continuous Symmetry, Phys. Rev. Lett. 35 (1975), 1399

[Joh00]   D. C. Johnson, R. K. Kremer, M. Troyer, X. Wang, A. Kluemper, S. L. Bud'ko, A. F. Panchula, P. C. Canfield, Thermodynamics of spin S = ½ antiferromagnetic uniform and alternating-exchange Heisenberg chains, Phys. Rev. B 61 (2000), 9558

[Kah93]   O. Kahn, Molecular Magnetism, VCH-Verlag, Weinheim, 1993

[Kle98]   W. Kleber, H.-J. Bautsch, J. Bohm, Einführung in die Kristallographie, Berlin 1998

[Kos67]   О. Г. Козлова, Рост Кристаллов, Изд. Московского университета 1967

[Krü10]   N. Krüger, S. Belz, F. Schossau, A. A. Haghighirad, P. T. Cong, B. Wolf, S. Gottlieb-Schoenmeyer, F. Ritter, W. Assmus, The stable phases of the $Cs_2CuCl_{4-x}Br_x$ mixed systems, Crystal Growth and Design 10 (2010), 4456

[Lar01]   A. C. Larson, R. B. von Dreele, General Structure Analysis System (GSAS), Los Alamos National Laboraty Report LAUR 86-748 (2004) and B. H. Toby, EXPGUI (graphical user interface GSAS), J. Appl. Cryst. 34 (2001), 210

[Lar04]   A. C. Larson, R. B. von Dreele, General Structure Analysis System (GSAS), Los Alamos National Laboraty Report LAUR 86-748 (2004)

[Li73]   T. I. Li, G. D. Struky, Exchange interactions in polynuclear transition metal complexes. Structural properties of cesium tribromocuprate(II), $CsCuBr_3$, a strongly coupled copper(II) system, Inorganik Chemistry 12 (1973), 441

[Lue37]   A. Luettringhaus, K. Ziegler, Über vielgliedrige Ringsysteme: VIII. Über eine neue Anwendung des Verdünnungsprinzips, Ann. Chem. 1937, 528, 155

[Lue99]   H. Lueken, Magnetochemie, B. G. Teubner Stuttgart-Leipzig 1999

[Lut98]   H. Gade Lutz, Koordinationschemie, 1. Aufl., Weinheim; New York; Chichester; Brisbane; Singapore; Toronto; Wiley-VCH, 1998

[Mas07]   W. Massa, Kristallstrukturbestimmung, 5. Auflage, B.G. Teubner Verlag / GWV Fachverlage GmbH, Wiesbaden 2007

[Mat69]   G. Matz, Kristallisation, Springerverlag Berlin Heidelberg New York 1969

[McE73]   J. N. McElerney, S. Merchant and R. L. Carlin, Isotropic magnetic exchange in Manganese(II) Chloride Dihydrate, $MnCl_2·2H_2O$, a chemical linear chain, Inorg. Chem., 12 (1973), 906

[McG72]   J. A. McGinnety, Cesium Tetrachlorocuprate. Structure, Crystal Forces, and Charge Distribution, J. of the American Chemical Society 94 (1972), 8406

[Mel39]   D. P. Mellor, Zeitschrift für Krystallographie 101 (1939), 160

[Mer05]   A. Mersmann, Verfahrenstechnik, Springer Verlag, Berlin Heidelberg, 2005

[Mev10]   M. Meven, S. Gottlieb-Schönmeyer, Untersuchungen am Einkristalldiffraktometer Heidi der TU München, 2010

[Mor60]   B. Morosin, E. C. Lingafelter, The Crystal Structure of Cesium Tetrabromocuprat(II), Acta Crystallographica 13 (1960), 807

[Mor61]   B. Morosin, E. C. Lingafelter, The configuration of the tetrachlorocuprate(II) ion, Journal of Physical Chemistry 65 (1961), 50

[Muh86]   H. Muhonen, Exchange interaction through hydrogen-bond bridges and the effect of a single-oxygen bridge. Crystal structures and magnetic susceptibilities oft wo Binuclear copper(II) complexes of 2-amino-2-methyl-1-propanol, Inorg.Chem. 25 (1986), 4692

[Net]   Firma Netzsch, Selb: Bedienungsanweisung: Simultan-Thermo-Analyse STA
             409 C

[Ono05]   T. Ono, H. Tanaka, T. Nakagomi, O. Kolomiyets, H. Mitamura, F. Ishikawa,
             T. Goto, K. Nakajima, A. Oosawa, Y. Koike, K. Kakurai, J. Klenke, P.
             Smeibidle, M. Meissner and H. A. Katori, Phase Transitions and Disoder
             Effects in Pure and Doped Frustrated Quantum Antiferromagnet Cs_2CuBr_4, J.
             Phys. Soc. Jpn. Vol 74 (2005), 135

[Ori05]   Orient Express, Version 3.4 von J. Laugier, 2005

[Ped67]   C. J. Pedersen, Cyclic Polyethers and their complexes with metal salts, J.
             Am. Chem. Soc. 89 (1967), 2495

[Ped72]   C. J. Pedersen, H. K. Frensdorff, Makrocyclische Polyether und ihre Kom-
             plexe, Angew.Chem. 84 (1972), 16

[Phy85]   Physik in unserer Zeit, 16. Jahrg. S.183, 1985, Nr. 6, VCH Verlagsgesell-
             schaft mbH, D-6940 Weinheim

[Pug90]   R. Puget, M. Jannin, R. Perret, L. Godefroy, G. Godefroy, Crystallographic
             study of a family of Cs_2CuB_4 compounds, Ferroelectrics 107 (1990), 229

[Rad05]   T. Radu, H. Wilhelm, V. Yushankhai, D. Kovrizhin, R. Coldea, Z. Tylczyn-
             ski, T. Luehmann, and F. Steglich, Bose-Einstein Condensation of Magnons
             in Cs_2CuCl_4, Phys. Rev. Lett. 95 (2005), 127202

[Rem75]   F. P. van Remoortere, F. P. Boer, E. C. Steiner, The Crystal Structure of the
             Complex of 1, 4, 7, 10-Tetraoxacyclododecane with Copper(II) Chloride,
             Acta Crystallogr., Sect.B: Struct. Crystallogr. Cryst.Chem. 31 (1975), 1420

[Sch08]   F. Schossau, Untersuchung zum Kristallisationsverhalten des Mischsystems
             Cs_2CuBr_4/Cs_2CuCl_4, Frankfurt a.M. 08

[Sch66]   A. W. Schlueter , R. A. Jacobson , R. E. Rundle, A Redetermination of the
             Crystal Structure of $CsCuCl_3$, Inorg. Chem. 5(2) (1966), 277

[Sie]   Siemens AG, Berlin: Bedienungsanleitung: Zweikreisdiffraktometer D500,
             E689B

[Sie64]   H. J. Siefert, K. Klatyk, Über die Systeme Alkalimetallchlorid/Chrom(II)-
             chlorid, Z. Anorg. Allg. Chem. 334 (1964), 113

[Sob09]   Л. В. Соболева, Выращивание новых функциональ-ных
             монокристаллов, Москва, Физматлит 2009

[Sob81]   L. V. Soboleva, L. M. Belyaev, V. V. Ogadzhanova, M. G. Vasilèva, Phase
             diagram of the $CsCl-CuCl_2-H_2O$ system, and growth of single crystals of
             copper cesium chlorides, Kristallografiya 26 (1981), 817

[Spi09]   L. Spieß, G. Teichert, R. Schwarzer, H. Behnken, Ch. Genzel, Moderne
            Röntgenbeugung, Vieweg+Teubner , GWV Fachverlage GmbH, Wiesbaden
            2009

[Ste01]   J. W. Steed, First- and second-sphere coordination chemistry of alkali metal
            crown ether complexes, Coord. Chem. Rev. 215 (2001), 171

[Str12]   S. V. Streltsov and D. I. Khomskii, Theoretical prediction of Jahn-Teller
            distortions and orbital ordering in $Cs_2CuCl_2Br_2$, arXiv: 1205.1146v1 [cond-
            mat.str-el] 5 May 2012

[Str91]   N. R. Strel'tsova, V. K. Belsky, B. M. Bulychev, O. K. Kireeva, Zh. Neorg.
            Khim. 36 (1991), 2024

[Swe83]   C. A. Swenson, Recommended values fort he thermal expansivity of silicon
            from 0 to 1000 K, J. Phys. Chem. Ref. Data, 12 (1983), 2

[Tan09]   J. Tang, J. S. Costa, A. Golobic, B. Kozievcar, A. Robertazzi, A. V. Vargiu,
            P. Gamez, J. Reedijk, Magnetic Coupling between Copper (II) Ions Mediated
            by Hydrogen-Bonded (Neutral) Water Molecules, Inorg. Chem. 48 (2009),
            5473

[Tob01]   B. H. Toby, EXPGUI (graphical user interface GSAS), J. Appl. Cryst. 34,
            210-21 (2001)

[Ton89]   M. Totani, Y. Fukada, I. Yamada, Evidence of the orthorhombic D_{2h}^{18}
            symmetry of K_2CuF_4 Phonon-Raman scattering measurements, Phys. Rev. B
            40 (1989), 10577

[Tyl92]   Z. Tylczynski, P. Piskunowicz, A. N. Nasyrov, A. D. Karaev, Kh. T.
            Schodiev and G. Gulamov, Physical Properties of Cs_2CuCl_4, Crystals phys.
            stat. sol. (a) 33 (1992), 133

[Vas76]   M. G. Vasilèva, L. V. Soboleva, The $CsCl$-$CuCl_2$-H_2O system at 18-50°C,
            Russian Journal of Inorganic Chemistry 21(10) (1976), 1541

[Veg21]   L. Vegard, Die Konstitution der Mischkristalle und die Raumfüllung der
            Atome, Zeitschrift für Physik 5 (1921), 17

[Vog71]   W. Vogt, H. Haas, Kristallstruktur und Kernmagnetische Resonanz von
            $Cs_3Cu_2Cl_7\cdot2H_2O$, Acta Crystallographica B 27 (1971), 1528

[VSM11]   VSM Option User's Manual, 1096-100, Rev. B0, 02.2011, 3-7

[Wal13]   S. Waldschmidt, Mögliche Substitution auf den kationischen Gitterplätzen
            des Mischkristallsystems Cs2CuCl4-xBrx, Frankfurt am Main 2013

[Wei73]   A. Weiss, H. Witte, Magnetochemie, Verlag Chemie GmbH, 1973

[Wel14]   Well, N. van, Klein, C., Ritter, F., Assmus, W., Krellner, C. & Bolte, M.
            (2014). Acta Cryst. C70, doi:10.1107/S2053229614006809

[Wel15]   N. van Well, K. Foyevtsova, S. Gottlieb-Schönmeyer, F. Ritter, B. Wolf, M. Meven, C. Pfleiderer, M. Lang, W. Assmus, R. Valentí, C. Krellner, Low-temperature structural investigations of the frustrated quantum anti-ferromagnets $Cs_2Cu(Cl_{4-x}Br_x)$ Phys. Rev. B 91, 035124 (2015)

[Wil88]   K.-Th. Wilke, Kristallzüchtung, Verlag Harri Deutsch, Thun-Frankfurt/Main 1988

[Wit74]   H. T. Witteveen, D. L. Jongejan and V. Brandwijk, Preparation of compounds $A_2CuCl_{4-x}Br_x$ (A= K, Rb, N H4, Tl; x= 0, 1, 2) and crystal structures of compounds $Rb_2CuCl_{4-x}Br_x$ with ordered distribution of the anions, Materials Research Bulletin 9 (1974), 345

[Xu00]   Y. Xu, S. Carlson, K. Soederberg and R. Norrestam, High-Pressure Studies of Cs_2CuCl_4 and Cs_2CoCl_4 by X-Ray Diffraction Methods, Journal of Solid State Chemistry 153 (2000), 212

[Zei]   Firma Zeiss, Oberkochen: Gebrauchsanleitung: Universelles Raster-Elektro-nenmikroskop DSM 940A

[Zvy06]   S. A. Zvyagin, D. Kamenskyi, M. Ozerov, J. Wosnitza, M. Ikeda, T. Fujita, M. Hagiwara, A. I. Smirnov, T. A. Soldatov, A. Ya. Shapiro, J. Krzystek, R. Hu, H. Ryu, C. Petrovic and M. E. Zhitomirsky, Direct determination of exchange parameters in Cs_2CuBr_4 and Cs_2CuCl_4: high-field electron-spin-resonance studies, Phys. Rev. Let. 112 (2006), 077206

Anhang

Anlage 5.1: Die Messergebnisse der EDX-Untersuchung verschiedene Phasen der Kristallzüchtung bei 8°C

Zusammensetzung der Einwage	Zählergebnisse in at%				umgerechnet in Formeleinheiten				Identifizierte Phase
	Cl	Cs	Cu	Br	Cs	Cu	Cl	Br	
$Cs_2CuCl_{3.6}Br_{0.4}$	44.11	28.32	13.47	14.09	2	0.95	3.11	0.97	$Cs_2Cu_{0.95}Cl_{3.05}Br_{0.95}$
	43.99	27.95	13.59	14.47	2	0.97	3.14	1.03	$Cs_2Cu_{0.97}Cl_{3.01}Br_{0.99}$
$Cs_2CuCl_{3.4}Br_{0.6}$	46.95	28.08	13.64	11.33	2	0.97	3.34	0.81	$Cs_2Cu_{0.97}Cl_{3.22}Br_{0.78}$
	46.85	27.65	13.36	12.14	2	0.97	3.39	0.87	$Cs_2Cu_{0.97}Cl_{3.18}Br_{0.82}$
	56.53	24.84	15.28	3.35	3	1.84	6.83	0.4	$Cs_3Cu_{1.84}Cl_{6.61}Br_{0.39}$
	56.91	24.38	15.20	3.5	3	1.87	7	0.4	$Cs_3Cu_{1.87}Cl_{6.62}Br_{0.38}$
$Cs_2CuCl_{3.2}Br_{0.8}$	43.80	27.93	13.41	14.86	2	0.96	3.14	1.06	$Cs_2Cu_{0.96}Cl_{2.99}Br_{1.01}$
	43.95	27.66	13.33	15.06	2	0.96	3.18	1.08	$Cs_2Cu_{0.96}Cl_{2.98}Br_{1.02}$
$Cs_2CuCl_3Br_1$	42.76	27.66	13.56	16.03	2	0.98	3.09	1.16	$Cs_2Cu_{0.98}Cl_{2.91}Br_{1.09}$
	42.54	27.93	13.64	15.89	2	0.98	3.05	1.13	$Cs_2Cu_{0.98}Cl_{2.92}Br_{1.08}$
	53.38	21.32	19.89	5.40	3	2.79	7.5	0.75	$Cs_3Cu_{2.79}Cl_{7.27}Br_{0.73}$
	53.22	21.25	20.05	5.47	3	2.82	7.5	0.78	$Cs_3Cu_{2.82}Cl_{7.25}Br_{0.75}$
$Cs_2CuCl_{2.8}Br_{1.2}$	40.43	28.01	13.29	18.26	2	0.95	2.89	1.3	$Cs_2Cu_{0.95}Cl_{2.76}Br_{1.24}$
	40.12	27.79	13.16	18.94	2	0.95	2.89	1.36	$Cs_2Cu_{0.95}Cl_{2.72}Br_{1.28}$
$Cs_2CuCl_{2.6}Br_{1.4}$	36.81	28.05	13.59	21.55	2	0,97	2.62	1.53	$Cs_2Cu_{0.97}Cl_{2.53}Br_{1.47}$
	37.98	27.39	13.31	21.32	2	0.97	2.77	1.55	$Cs_2Cu_{0.97}Cl_{2.56}Br_{1.44}$
	50.85	21.21	20.02	7.92	3	2.82	7.2	1.11	$Cs_3Cu_{2.82}Cl_{6.93}Br_{1.07}$
	50.85	21.02	19.96	8.17	3	2.85	7.26	1.17	$Cs_3Cu_{2.85}Cl_{6.89}Br_{1.11}$
$Cs_2CuCl_{2.4}Br_{1.6}$	34.54	27.97	13.99	23.51	2	1	2.47	1.68	$Cs_2CuCl_{2.38}Br_{1.62}$
	35.05	27.91	13.42	23.63	2	0.96	2.51	1.69	$Cs_2Cu_{0.96}Cl_{2.39}Br_{1.61}$
$Cs_2CuCl_{2.2}Br_{1.8}$	34.70	27.54	13.23	24.53	2	0.96	2.51	1.78	$Cs_2Cu_{0.96}Cl_{2.34}Br_{1.66}$
	34.29	27.89	13.26	24.57	2	0.95	2.46	1.76	$Cs_2Cu_{0.95}Cl_{2.33}Br_{1.67}$

Anlage 5.2: Verfeinerungsdaten für die orthorhombische Modifikation bei Zimmertemperatur

Cs₂CuCl₄₋ₓBrₓ, orthorhombische Modifikation, P n m a

	Cs₂CuCl₄			Cs₂CuCl₂.₆Br₁.₄			Cs₂CuCl₂Br₂			Cs₂CuBr₄		
a [Å]	9.753(3)			9.859(2)			10.115(2)			10.170(2)		
b [Å]	7.609(2)			7.640(1)			7.868(2)			7.956(1)		
c [Å]	12.394(4)			12.491(2)			12.818(4)			12.915(3)		
Atom	x	y	z	x	y	z	x	y	z	x	y	z
Cs1 4c	0.13(3)	0.25	0.10(2)	0.13(3)	0.25	0.10(3)	0.13(0)	0.25	0.10(5)	0.13(1)	0.25	0.10(7)
Cs2 4c	-0.00(4)	0.75	0.32(7)	-0.00(2)	0.75	0.32(4)	-0.00(1)	0.75	0.32(8)	-0.00(5)	0.75	0.33(0)
Cu 4c	0.23(2)	0.25	0.41(9)	0.23(3)	0.25	0.41(6)	0.23(9)	0.25	0.41(5)	0.23(1)	0.25	0.41(9)
Cl1 4c	0.34(2)	0.25	0.57(1)	0.34(3)	0.25	0.57(4)	0.34(6)	0.25	0.57(9)			
Cl2 4c	0.01(2)	0.25	0.38(7)	-0.00(7)	0.25	0.36(1)	-0.00(1)	0.25	0.37(2)			
Cl3 8d	0.29(8)	-0.00(5)	0.35(3)	0.29(7)	-0.00(1)	0.35(5)	0.29(3)	-0.01(1)	0.37(5)			
Br1 4c				0.35(1)	0.25	0.57(1)	0.35(0)	0.25	0.57(4)	0.34(5)	0.25	0.57(9)
Br2 4c				0.00(2)	0.25	0.38(3)	0.00(4)	0.25	0.38(1)	0.003(3)	0.25	0.38(5)
Br3 8d				0.29(5)	-0.00(1)	0.34(2)	0.29(8)	-0.01(7)	0.34(2)	0.29(6)	-0.01(2)	0.35(2)
χ^2_{red}	1.68			2.87			2.31			2.44		
wRp	0.056			0.085			0.080			0.079		
Rp	0.045			0.065			0.063			0.061		

Anlage 5.3: Ergebnisse der Verfeinerung für die orthorhombische Modifikation – Ergebnisse der Untersuchungen mittels Neutronenstreuung

Apparatur: Einkristalldiffraktometer Heidi [1.4-0.3Å]
Wellenlänge: 0.89Å

Cs₂CuCl₄₋ₓBrₓ, orthorhombische Modifikation, P n m a

	$Cs_2CuCl_3Br_1$			$Cs_2CuCl_{2.8}Br_{1.2}$			$Cs_2CuCl_{0.8}Br_{3.2}$		
a [Å]	9.922(2)			9.949(2)			10.158(4)		
b [Å]	7.670(1)			7.700(3)			7.920(3)		
c [Å]	12.568(1)			12.596(2)			12.963(8)		
Atom	x	y	z	x	y	z	x	y	z
Cs 4c	0.1326(9)	0.25	0.1026(6)	0.1337(2)	0.25	0.1015(1)	0.1297(1)	0.25	0.1051(9)
Cs 4c	-0.0059(4)	0.75	0.3238(5)	-0.0062(2)	0.75	0.3242(1)	-0.0057(1)	0.75	0.3291(8)
Cu 4c	0.2278(5)	0.25	0.4176(3)	0.2322(1)	0.25	0.4173(8)	0.2312(7)	0.25	0.4179(5)
Cl1/Br1 4c	0.3448(5)	0.25	0.5758(3)	0.3421(1)	0.25	0.5758(8)	0.3438(9)	0.25	0.5781(6)
Cl2/Br2 4c	0.0022(6)	0.25	0.3810(4)	0.0018(1)	0.25	0.3809(4)	0.0006(9)	0.25	0.3815(7)
Cl3/Br3 8d	0.2932(3)	-0.0123(4)	0.3566(3)	0.2931(7)	0.5123(1)	0.3664(6)	0.2946(7)	0.5135(7)	0.3549(5)
GOF	1.29			1.09			1.19		
Anzahl der Reflexe	2953			2314			1665		
Zusammensetzung	75%Chlor/25%Brom			73%Chlor/27%Brom			13%Chlor/87%Brom		

Anlage 5.4: Verfeinerungsdaten für die tetragonale Modifikation bei Zimmertemperatur

$Cs_2CuCl_{4-x}Br_x$, tetragonale Modifikation, I4/mmm								
	$Cs_2CuCl_{2.8}Br_{1.2}$			$Cs_2CuCl_{2.6}Br_{1.4}$			$Cs_2CuCl_{2.2}Br_{1.8}$		
$a=b$ [Å]	5.2572(6)			5.2651(7)			5.2745(7)		
c [Å]	16.605(4)			16.660(4)			16.735(4)		
Atom	**x**	**y**	**z**	**x**	**y**	**z**	**x**	**y**	**z**
Cs 4e	0	0	0.36(2)	0	0	0.36(3)	0	0	0.36(4)
Cu 2a	0	0	0	0	0	0	0	0	0
Cl 4c	0.5	0	0	0.5	0	0	0.5	0	0
Cl 4e	0	0	0.14(5)	0	0	0.14(6)	0	0	0.14(1)
Br 4e	0	0	0.14(7)	0	0	0.14(7)	0	0	0.14(7)
χ^2_{red}	1.72			2.94			2.8		
wRp	0.077			0.08			0.06		
Rp	0.061			0.063			0.047		

Anlage 5.5: Verfeinerungsdaten für die Zusammensetzung $Cs_3Cu_3Cl_8OH$ bei 173K

In dieser Tabelle sind die Gitterkonstanten und die Atompositionen dargestellt. Jedes Atom besetzt eine 4e Wyckoff-Position. U(eg) sind isotrope Auslenkungsfaktoren.

	$Cs_3Cu_3Cl_8OH$, monocline Modifikation, $P2_1/c$			
a [Å]		13.3740(7)		
b [Å]		9.6991(4)		
c [Å]		13.6209(8)		
β [°]		114.850(4)		
Atom	**x**	**y**	**z**	**U(eg)**
Cs (1)	0.3107(1)	0.4034(1)	0.9278(1)	18(1)
Cs (2)	0.4354(1)	0.8836(1)	0.8008(1)	16(1)
Cs (3)	0.0688(1)	0.0906(1)	0.06845(1)	18(1)
Cu (1)	0.1291(1)	0.6596(1)	0.6361(1)	11(1)
Cu (2)	0.2215(1)	0.3879(1)	0.5871(1)	11(1)
Cu (3)	0.2706(1)	0.6631(1)	0.5060(1)	12(1)
Cl (1)	0.3215(1)	0.4584(1)	0.4532(1)	15(1)
Cl (2)	0.1888(1)	0.8479(1)	0.5625(1)	14(1)
Cl (3)	0.0785(1)	0.4513(1)	0.6869(1)	13(1)
Cl (4)	0.1539(1)	0.7658(1)	0.7903(1)	15(1)
Cl (5)	0.3457(1)	0.5453(1)	0.7153(1)	14(1)
Cl (6)	0.3180(1)	0.2070(1)	0.6798(1)	17(1)
Cl (7)	0.0862(1)	0.2556(1)	0.4580(1)	15(1)
Cl (8)	0.4227(1)	0.7800(1)	0.5309(1)	17(1)
O	0.1484(2)	0.5616(3)	0.5192(2)	10(1)
H	0.0880( )	0.5582( )	0.4643( )	14(1)
χ^2_{red}		1.009		
wRp		0.064		
Rp		0.030		

Anlage 6.1:   **Verfeinerungsdaten für die orthorhombische Modifikation von Cs_2CuCl_4, $Cs_2CuCl_3Br_1$, $Cs_2CuCl_2Br_2$, Cs_2CuBr_4 bei 20K**

	Cs_2CuCl_4			$Cs_2CuCl_3Br_1$			$Cs_2CuCl_2Br_2$			Cs_2CuBr_4		
a (Å)	9.675(3)			9.819(7)			9.948(5)			10.069(7)		
b (Å)	7.496(2)			7.552(5)			7.633(3)			7.839(5)		
c (Å)	12.264(3)			12.408(1)			12.560(2)			12.758(1)		
Atom	x	y	z	x	y	z	x	y	z	x	y	z
Cs 4c	0.132(3)	0.25	0.102(3)	0.131(1)	0.25	0.101(1)	0.128(1)	0.25	0.097(1)	0.124(1)	0.25	0.106(1)
Cs 4c	0.502(3)	0.25	0.824(3)	0.510(1)	0.25	0.816(1)	0.510(1)	0.25	0.826(1)	0.496(1)	0.25	0.831(1)
Cu 4c	0.221(8)	0.25	0.410(7)	0.234(4)	0.25	0.410(3)	0.243(3)	0.25	0.421(3)	0.224(4)	0.25	0.411(3)
Cl1 4c	0.332(1)	0.25	0.575(1)	0.317(4)	0.25	0.589(4)						
Cl2 4c	-0.008(1)	0.25	0.381(1)									
Cl3 8d	0.298(1)	-0.032(1)	0.357(1)	0.2882(6)	0.006(6)	0.357(3)	0.291(3)	-0.001(4)	0.352(3)			
Br1 4c							0.345(2)	0.25	0.580(2)	0.343(2)	0.25	0.585(2)
Br2 4c				-0.008(2)	0.25	0.384(2)	-0.011(2)	0.25	0.374(1)	-0.006(2)	0.25	0.377(2)
Br3 8d										0.298(1)	-0.013(3)	0.357(1)
χ^2_{red}	3.20			3.12			2.95			2.91		
wRp	0.095			0.098			0.087			0.085		
Rp	0.072			0.069			0.062			0.065		

$Cs_2CuCl_{4-x}Br_x$, orthorhombische Modifikation, P n m a

Anlage 8.1: **Das Strukturbild der asymmetrischen Einheit für die beiden Zusammensetzungen:**
(1) Cs$_2$(C$_{12}$H$_{24}$O$_6$)(H$_2$O)2Cl$_2$·2H$_2$O und
(2) Cs(C$_{12}$H$_{24}$O$_6$)(H$_2$O)Br·H$_2$O

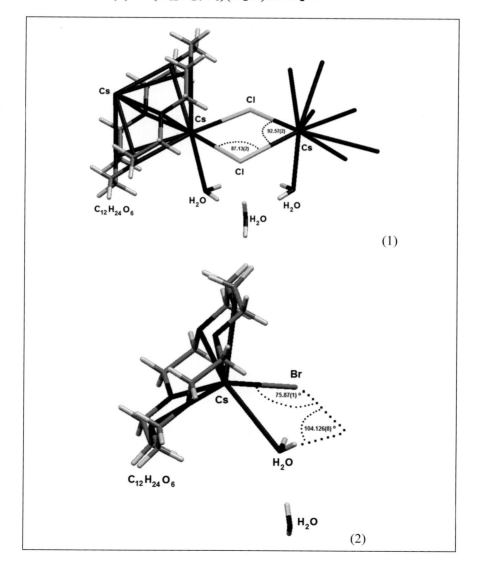

Anlage 8.2: Das Strukturbild der asymmetrischen Einheit für die $C_{36}H_{72}Cs_2O_{18}$,2($C_{24}H_{48}Br_4Cs_2CuO_{12}$),$Br_6$ Cu_2 Zusammensetzung

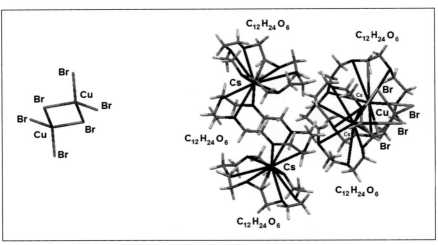

Das Strukturbild in Richtung a-Achse

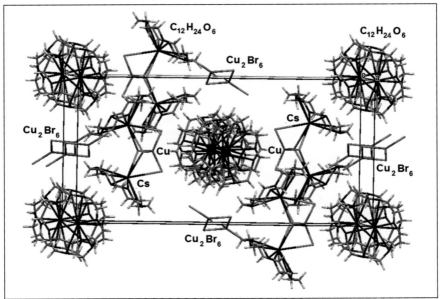

Anlage 8.3: Die Zusammensetzung $[CuCl_2(H_2O)_2]C_{12}H_{24}O_6 \cdot 2H_2O$

In Tabelle sind die Atompositionen dargestellt. Jedes Atom außer Kupfer (1e Wyckoff Position) besetzt eine 2i Wyckoff Position mit isotropen Auslehnkungsfaktoren – U(eg).

	$[CuCl_2(H_2O)_2] \cdot C_{12}H_{24}O_6 \cdot 2H_2O$, trikliner Modifikation, P-1			
a [Å]	7.3884(8)			
b [Å]	7.7774(9)			
c [Å]	10.2240(11)			
α [Å]	98.590(9)			
β [°]	110.250(8)			
γ [Å]	101.420(9)			
Atom	**x**	**y**	**z**	**U(eg)**
O (1)	0.6408(2)	8174(2)	7365(1)	25(1)
O (2)	0.8909(2)	5986(2)	6996(1)	28(1)
O (3)	0.7098(2)	2450(2)	5075(1)	29(1)
C (1)	0.8530(3)	8837(3)	7892(2)	31(1)
C (2)	0.9450(3)	7349(3)	8272(2)	32(1)
C (3)	0.9398(3)	4381(3)	7318(2)	33(1)
C (4)	0.9165(3)	3119(3)	5981(2)	32(1)
C (5)	0.6778(3)	1294(3)	3748(2)	33(1)
C (6)	0.4584(3)	454(3)	2963(2)	33(1)
Cu (1)	0.5000	5000	0	18(1)
Cl (1)	0.6749(1)	7876(1)	892(1)	31(1)
O (4)	0.5394(3)	4666(2)	1896(2)	43(1)
O (1W)	0.6276(2)	6792(2)	4414(2)	29(1)
χ^2_{red}	1.097			
wRp	0.0697			
Rp	0.0269			

Anlage 8.4: Verfeinerungsdaten für die Zusammensetzung $K(C_8H_{16}O_4)_2CuCl_3 \cdot H_2O$ bei 173K

In dieser Tabelle sind die Gitterkonstanten und die Atompositionen dargestellt.
U(eg) sind isotrope Auslenkungsfaktoren.

	$K(C_8H_{16}O_4)_2CuCl_3 \cdot H_2O$, monocline Modifikation, P2₁/n			
a [Å]	9.5976(5)			
b [Å]	11.9814(9)			
c [Å]	21.8713(11)			
β [°]	100.945(4)			
Atom	**x**	**y**	**z**	**U(eg)**
Cu (1)	-0.4850(1)	0.2332(1)	0.4120(1)	17(1)
O (1W)	0.1219(2)	0.1616(2)	0.1980(1)	25(1)
Cl (1)	0.6980(1)	0.2964(1)	0.1315(1)	24(1)
Cl (2)	-0.1944(1)	0.3719(1)	0.1130(1)	29(1)
Cl (3)	-0.1899(1)	0.8940(1)	0.2700(1)	27(1)
K (1)	0.3905(1)	0.2736(1)	0.2118(1)	20(1)
O (1)	0.4860(2)	0.4452(2)	0.1418(1)	19(1)
O (2)	0.3735(2)	0.2563(2)	0.7090(1)	20(1)
O (3)	0.5157(3)	0.9660(2)	0.1533(1)	27(1)
O (4)	0.6777(3)	0.2852(2)	0.1980(1)	27(1)
C (1)	0.4742(3)	0.4457(2)	0.7610(1)	21(1)
C (2)	0.3559(3)	0.3684(2)	0.4760(1)	21(1)
C (3)	0.4908(3)	0.1976(3)	0.5460(2)	25(1)
C (4)	0.5028(3)	0.8640(3)	0.8710(2)	23(1)
C (5)	0.6529(4)	0.8810(3)	0.1898(2)	30(1)
C (6)	0.7468(3)	0.1862(3)	0.1830(2)	30(1)
C (7)	0.7321(3)	0.3837(3)	0.1754(2)	23(1)
C (8)	0.6230(3)	0.4752(3)	0.1753(2)	23(1)
O (11)	0.5568(3)	0.1706(2)	0.3260(1)	29(1)
O (12)	0.2566(3)	0.1638(2)	0.2991(1)	29(1)
O (13)	0.2340(3)	0.3960(2)	0.2859(1)	28(1)
O (14)	0.5338(3)	0.4079(2)	0.3122(1)	28(1)
C (11)	0.4840(5)	0.1212(4)	0.3701(2)	42(1)
C (12)	0.3435(5)	0.8030(3)	0.3350(2)	40(1)
C (13)	0.1822(5)	0.2270(3)	0.3382(2)	43(1)
C (14)	0.1252(4)	0.3281(4)	0.3037(2)	41(1)
C (15)	0.3043(4)	0.4689(3)	0.3320(2)	38(1)
C (16)	0.4387(5)	0.5014(3)	0.3173(2)	40(1)
C (17)	0.5965(5)	0.3610(3)	0.3679(2)	41(1)
C (18)	0.6610(5)	0.2527(4)	0.3558(2)	42(1)
χ^2_{red}	1.061			
wRp	0.124			
Rp	0.051			

Verwendete Chemikalien

Für die Züchtung wurden folgende Grundsubstanzen verwendet:

Substanz	Spezifikation / Hersteller
Acetonitril……………………..	≥ 99.98%, Roth
Apiezon……………………..	Apiezon Products M & I Materials Ltd.
CsBr……………………..	ultraclean, VWR
$CuBr_2$……………………..	Analar Normapur, Merck
CsCl……………………..	≥ 99.999%, Roth
$CuCl_2 \cdot 2H_2O$……………………..	Analar Normapur, Merck
KCl……………………..	Suprapur, Merk
LiCl……………………..	99.9+%, ChemPur
Varnish……………………..	General Electric – GE 7031
[12]krone-4……………………..	98%, Merk
[15]krone-5……………………..	98%, Alfa Aesar
[18]krone-6……………………..	99%, VWR
1-Propanol……………………..	≥ 99.5%, Roth
2-Propanol……………………..	≥ 99.5%, Roth